映像作家100人 + NEWCOMER 100

JAPANESE MOTION GRAPHIC CREATORS

INTRODUCTION

『映像作家100人』は、その年度に活躍した映像クリエイター100人を紹介する年鑑として2005年に創刊され、10年以上にわたり刊行され続けてきました。2018年には書籍からオンラインへと活動の場を移していましたが、その間も手に取れる書籍の形で出して欲しいという声が寄せられていました。本書はそうした強い要望を受け、実に6年ぶりに刊行される書籍版となります。

6年の間にも、多くの変化がありました。視聴環境や制作環境だけでなく、クリエイターが生きる環境自体もダイナミックに変化しつつあります。変化を通して、映像作家たちが自ら実験と実践により切り拓いてきた新しいコンセプトや表現方法、その創造の成果としての映像は、私たちの日々の生活の隅々にまで浸透し、想像力を刺激したり、日常に彩りを与える、ますます身近な存在になりつつあります。

新鮮な感性を持つクリエイターたちは、その視点や感性を通して私たちに新しい世界を見せてくれます。久しぶりに刊行される『映像作家100人』の前半は、なかでも新しく台頭しつつある感性にスポットを当てました。書籍が刊行されていなかった間に、映像シーンに台頭してきたインディーアニメやVRやXRといった新しい領域、そして存在感を増しつつある若い世代のクリエイターたちにフォーカスすることにしました。また書籍の後半ではこれまでと同様に、2023年の100人として、映像の可能性を切り拓いてきた実績のあるクリエイターたちも取り上げています。前半と後半、合わせて200人にのぼるクリエイターたちのプロフィールと作品を掲載しています。

スクリーンの向こうには、驚くほど多様で、刺激的な世界が広がっています。本書はそんな驚きを与えて続けているものづくりの世界に携わる人々だけでなく、クリエイターの創造性に刺激を受け、この世界に飛び込みたいと思っている人々にもぜひ手に取って欲しいと思って作っています。映像を愛する人々にとって、この書籍が新しい刺激や発見の場となることを願って。クリエイターたちの作り出す映像の魅力に触れ、彼らが活躍する未来に期待していただければ幸いです。

映像作家100人　庄野祐輔

NEWCOMER 100

MOTION GRAPHICS

ANIMATION

EXPERIMENTAL

映像作家100人2023

※本文中の各連絡先・URL アドレスは、2023 年 4 月時点のものであり、予告なしに変更される可能性がございます。弊社ではサポート致しかねることをご了承下さい。
※本文中の作品名、プロジェクト名、クライアント名、ブランド名、商品名、その他の固有名詞、発表年度に関しては、作家各自より提示された情報をもとに掲載しています。

NEWCOMER 100

MOTION GRAPHICS

001/100

INTERVIEW WITH

Hiromu Oka
岡大夢

CATEGORY/ MV, CM, Web

意図しないズレや色のにじみ、独特の発色などから海外のアートシーンでも広く支持されているリソグラフ。映像作家・モーショングラフィックスデザイナーのHiromu Okaは、2019年頃からリソグラフを用いたコマ撮りアニメーションを発表してきた。国外からの受託が増え、2022年には単身渡英を決断。日本発祥の印刷手法とともに海外での本格活動をはじめたOkaに、クリエイティブに掛ける思いを伺った。

——映像制作をはじめたきっかけを教えてください。

映像に興味を持ったのは地元の愛媛県で農業の大学に通っていたころでした。農業は好きではあったのですが、場所に縛られるし、自由度という意味ではちょっと違うなと思うときもあって。その反動からか、東京や海外に行きたいという気持ちが強まり、どこでも仕事ができる職は何かと考えるようになりました。最初は映像だけでなく、Webデザインにも関心がありましたね。

その頃はVJをしたり実写の映像を撮ったりしていたのですが、最終的には手の込んだもののほうが性に合うということでモーショングラフィックスをやろうと決めて。それが大学3年生のときです。その後、大学を1年間休学してインターンで東京に来て、映像制作の業界に入ったという流れです。

——映像作家としての第一歩はどんな作品でしたか？

作家性を意識したという意味で言うと、2016年ごろに東京でVJをしたときかなと思います。その頃はインターンを終えて別の映像制作会社で働いていたのですが、とにかく忙しくて。加えて、自分の提案が全く採用してもらえず、かなりフラストレーションが溜まっていました。そんな時に友達からVJをやってほしいとお願いされて、仕事の中で溜めていたアイデアを使ったところ、すごく受けが良かった。自分がこんなにオーディエンスのテンションを上げられるものを作っていたんだと認識できました。自分の思いを表現できた経験が今の作家性につながっていると思います。

——リソグラフに興味を持った背景を教えてください。

もともとアナログ感のある表現やテクスチャーを仕事でよく使っていて、「味があっていいね」と褒められることもありました。でも、どこか素直に喜べない自分もいて。やっぱり本当の意味でのアナログじゃないし、手描きのアニメーターのほうがすごいしな、と。ずっとそういう思いを抱えてきたから、もうそろそろ自分の満足できる表現手法を見つけたい、と思っていたんです。

——アナログでもさまざまな表現手法がありますが、なぜリソグラフだったのでしょうか。

簡潔にまとめると、自分にとってちょうどよかったからです。水彩画を使ったロトスコープや素材の質感を活かしたストップモーションといったアナログな映像表現には先駆者がいます。すでに誰かがやっていることをなぞっても意味がないし、今まで仕事で培ったデジタルのモーション技術を使わないのも違う。リソグラフ・アニメーションの「デジタルで作成したデザインデータを印刷してコマ撮りにする」という作り方は、自分の強みを活かせる上に、あまり人と被らないアナログ手法という意味で最適でした。

——印刷の工程等を考えると、自分のものにするまでには長い試行錯誤があったと想像します。

そうですね。最初はどうすれば上手く作れるか分からなかったし、人に説明しづらいし……と結構苦労しました。なかでも一番のネックは資金面。リソグラフは一枚の原画を大量に印刷するのに向いている手法なので、たくさんの原画を数枚だけ印刷するのはとても割高なんです。最初の頃は「こんなにかかるの？」と思いながらやっていました。手法はあるけど、時間とお

E-MAIL / okatheponjuice@gmail.com
URL / otp-works.tumblr.com

1993年愛媛県生まれ。モーションググラフィックスを軸にアナログとデジタルをミックスした作品を手掛ける。2019年よりシルクスクリーン印刷機「リソグラフ」を使ったコマ撮りアニメーションの制作活動を開始。OTP（オトピ）という名称でVJとしても活動。2022年よりイギリスに拠点を移し国内外で活動中。NY ADC Young Guns 20 受賞。The Motion Awards 2022 news title sequence部門受賞。

金がかかりすぎるのは困ったなと。

でも、ちょうどその頃にご依頼いただいたのが、この『映像作家100人』のティザー映像でした。予算のほとんどを印刷費に充てて、ようやく納得のいくクオリティに到達できた。ターニングポイントでしたね。

――2022年9月から渡英されていますが、その背景としばらく住んだ感想を教えてください。
もともと20代のうちに海外に行きたいとは漠然と思っていたというのがありますが、大きな目的としては、最先端のモーショングラフィックスが生まれる現場を感じたかった、ということです。海外で流行ったものが日本にも少し遅れて届くという傾向があるので、だったら源流に触れたいなと。物価や英語、働き方に関してはいろんなジレンマがありますが、クリエイター同士が気軽に交流するミートアップの文化など、刺激もたくさんあります。

――あるインタビューで「キュレーションをする感覚で制作している」とおっしゃっていましたが、その感覚について教えてもらえますか。
僕が作品を作ることができるのは、編集ソフトやカメラ、先人のノウハウなどのベースがあってこそです。リソグラフ・アニメーションも、理想科学工業さんがあってこそ実現できている。そういったリスペクトの気持ちから、キュレーションという感覚を持っています。

こう言うと没個性的に聞こえると思いますが、本当に「ただ選んでいるだけ」ではもちろんなくて、そのモチーフやイメージを選ぶ背景には個人的な思い出、視覚的な好みが反映されています。たとえばゲームのローディング画面の演出、好きな映画のワンシーン、幼稚園の前に貼られていた絵なんかもある。ちなみに、映像作家100人のティザー映像に出てくる街並みは、家族旅行で行ったハワイの写真が元になっていたり、途中にある実写パートは自分で撮影した神戸のシャッター街です。なぜそのビジュアルや表現を引用したのか、それを僕がどう考えているか、というところに作家性があると思っています。

――視覚的な記憶からの引用が多いんですね。
ベースは思い出の中にありますね。その思い出を表現する際に、リソグラフやアニメーションなどのエッセンスを載せて映像にしていくという感覚です。とはいえ、ただ闇雲に思い出から引っ張ってきているわけではありません。映像作家100人のティザー映像を作る際は緻密なストーリーを練り込んで、字コンテも作っています。そうしたストーリーがあるなかで、マッチするものを思い出や記憶から引用している、ということです。

――最後に、映像の可能性についての考えを教えてください。
映像は今注目されているフィールドなので、まずはもっと自分らしいクリエイティブを表現したいです。注目されている中で、観る側と自分の表現がうまくコミュニケーションできたとき、その作品はすごくいいパスポートになると思っているんです。自分はこういう人間だと証明してくれるというか。

――パスポートというのは面白い比喩ですね。
自分の映像表現を認めてくれる人が増えると、会える人や行ける場所の幅が広がる。この感覚は、イギリスに来てから特に強く感じるようになっています。先日もある選考会で、英語はほとんど喋れないのに、作品を見せたら最終選考まで通過することができました。言語を介さず国を越えてコミュニケーションできるというのは、やっぱり映像の持つ大きなポテンシャルだと思います。

ただ、大事なのはあくまで自己表現として映像作品を作るという前提ですね。バズるためにではなく。そうやって作った作品が誰かの琴線に触れたとき、世界中に自分を認めてもらえるパスポートになる可能性が生まれるのではないでしょうか。

MV - SPACE SHOWER TV「Be dream Believer」(2022) Music: STUTS「One feat. tofubeats」, Director: Hiromu Oka

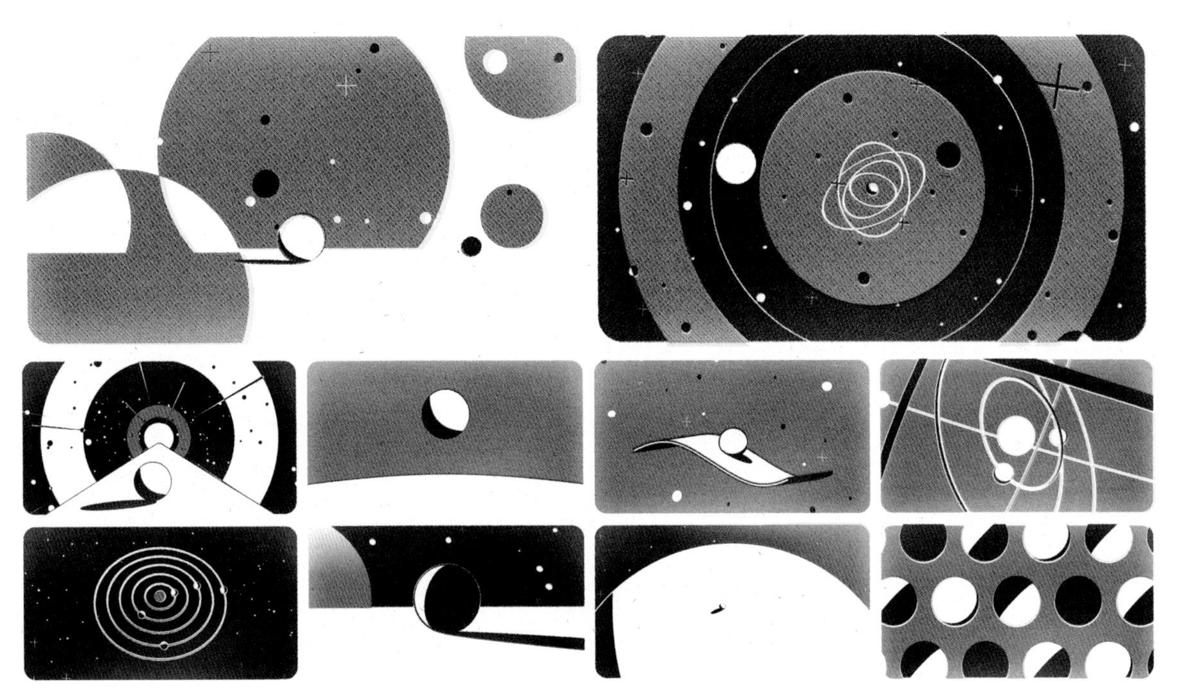

MV - STUTS「Back & Forth」(2022) Music: STUTS, Director: Hiromu Oka

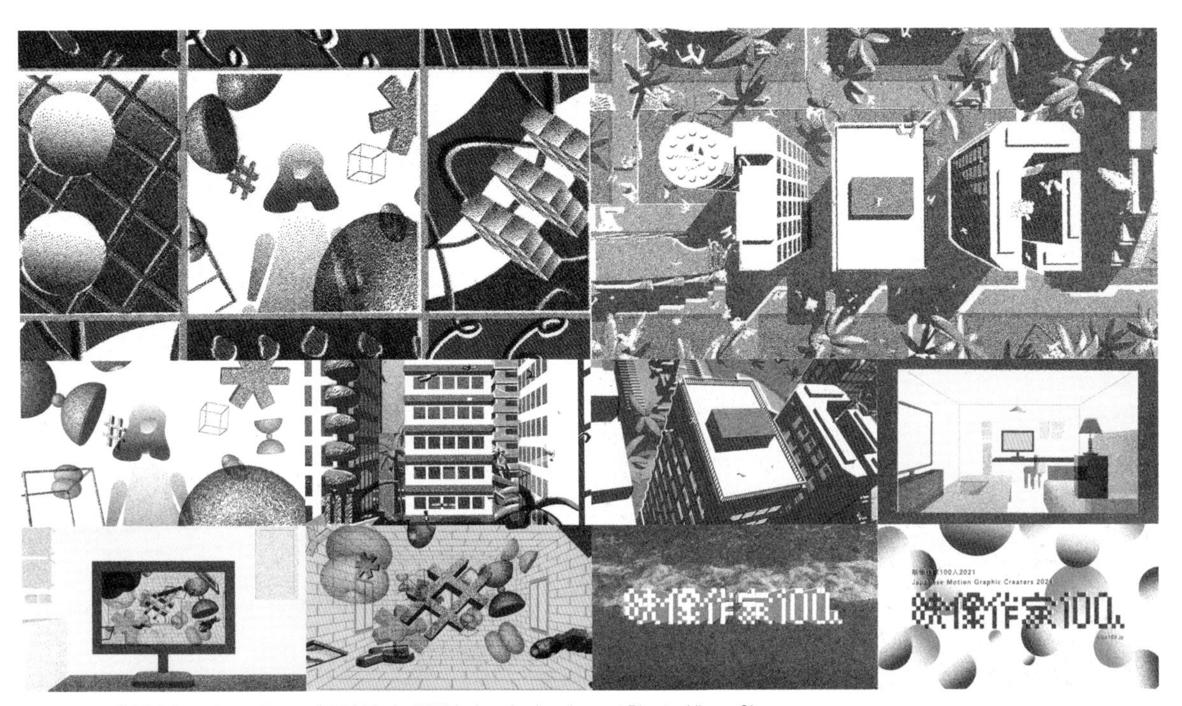

Teaser Movie - 「映像作家100人 2021 Teaser」(2021) Movie: OTP, Music: wai wai music resort, Director: Hiromu Oka

002/100

田中一臣　Isshin Tanaka

CATEGORY/ Motion Graphics, CM

TEL/ +81(0)80 4227 6391
E-MAIL/ ismsx.jp@gmail.com
URL/ ismsx.jp

モーショングラフィックスデザイナー。小学生の頃から映像制作を始め、2018年よりフリーランス。抽象図形を主とし、有機的な動きとシンプルかつ端麗な画作りを交えた短尺のモーショングラフィックスを作風とする。自主制作を軸に活動しながら、CM演出なども手掛ける。主な制作実績は、NHKスペシャル・日テレ番組などのオープニング、Twitter、Google Play、NewsPicksなどのプロモーション映像。

Motion Graphics -「nostalmic」(©Isshin | 2023)

Motion Graphics -「Quiet or Upset」(©Isshin | 2021)

003/100

畑 一弘　Kazuhiro Hata

CATEGORY/ Motion Graphics, Web Movie, TVCM, MV, CI, Brand Movie, Event Movie

BELONG TO/ 株式会社ナナメ
TEL/ +81(0)3 6403 0833
E-MAIL/ info@nanameinc.jp
URL/ nanameinc.jp

1988年広島県出身。映像ディレクター／モーションデザイナー。株式会社ナナメ所属。企業のブランドムービー、プロモーション映像、CM、MV、イベント映像などモーショングラフィックスを主軸に制作。

Brand Movie -「Shiseido Code of Conduct and Ethics」(©1997, 2003, 2011, 2022 Shiseido Company, Limited | 2021)
Advertising Agency: SHISEIDO CREATIVE COMPANY, Limited, Creative Director: Masato Kosukegawa, Art Director: Masaki Hanahara, Designer: Takaki Ikeda, Copywriter: Noriko Matsubara , Mike Burns, Producer: Tomoko Miyaoka , Miho Mochizuki, Production: NANAME INC., CG Producer: Yusuke Miyairi, Director & Motion Grapher: Kazuhiro Hata, Designer: Momoko Hashino, Motion Grapher: Kaito Mochida , Yosuke Aonuma

Jingle - BS-TBS (©BS-TBS | 2022) Production: NANAME INC., Producer: Ayako Koinuma, Director / Motion Grapher: Kazuhiro Hata, Designer: Momoko Hashino
※本編映像制作のみ

004/100

野手凱斗　Kaito Note

CATEGORY/ Original, Web Movie, Corporate/Product PR, MV

E-MAIL/ id@kaitonote.com
URL/ kaitonote.com

1997年生まれ。和歌山県出身。モーションデザイナー／フロントエンドエンジニア。ジオメトリックデザインやタイポグラフィを得意としたモーショングラフィックスや3DCGを表現の軸として映像制作を行う。自主制作を中心に、Webムービー・企業／商品PR・MVなどの企画・演出・制作を幅広く手掛ける。様々な表現手法を取り入れながら再構築し、ユニークで洗練されたビジュアル・映像表現を追求している。

Original -「Intersect」(2021) Director / Design / Movie: Kaito Note, Music: Jupe

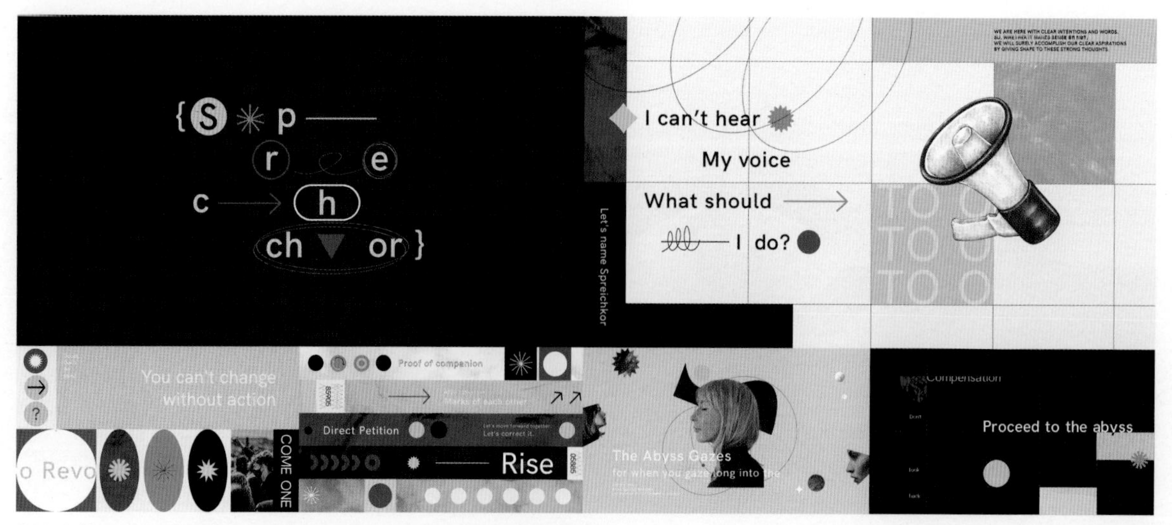

Original -「Sprechchor」(2022) Director / Design / Movie: Kaito Note, Music: Ethanplus

005/100

桜井貴志　Takashi Sakurai

CATEGORY/ VR, XR, Metaverse, CG, Digital Art, Pixel Art, Live Action

BELONG TO/ Zarusoba DesignWorks
E-MAIL/ fire3946@gmail.com
URL/ sakurai-takashi.tumblr.com

モーションデザイナー／クリエイティブディレクター。2001年生まれ。独学で映像制作をはじめ、MV、CM、Live映像などのCG制作を行う。2021年よりフリーランスとして活動。

MV - Adomiori「FREECODE_」(2023) Movie: 桜井貴志, Music: Adomiori(feat.Otomachi Una)

PR - 「Rhea Lektus S2」(2022) Director: 桜井貴志, Movie: 桜井貴志 & Cube, Music: Juggernaut.

006/100

UDON

CATEGORY/ CM, Web, Live, MV

BELONG TO/ 株式会社VIXI
TEL/ + 81 (0) 50 5490 9753
E-MAIL/ info@vixi-vixi.jp, oikawa@vixi-vixi.jp (Mg)
URL/ udonmg.com

福岡県出身。映像制作会社を経て、2019年よりフリーランスとして活動。CM・Live・MVなどのジャンルで、動きだけでなく１枚絵としてのビジュアルも意識したモーショングラフィックスを制作する。うどんが好き。

CM -「ポケットモンスター スカーレット・バイオレット」1st Trailer (© 2022 Pokémon. © 1995-2022 Nintendo/Creatures Inc./GAME FREAK inc. | 2022)

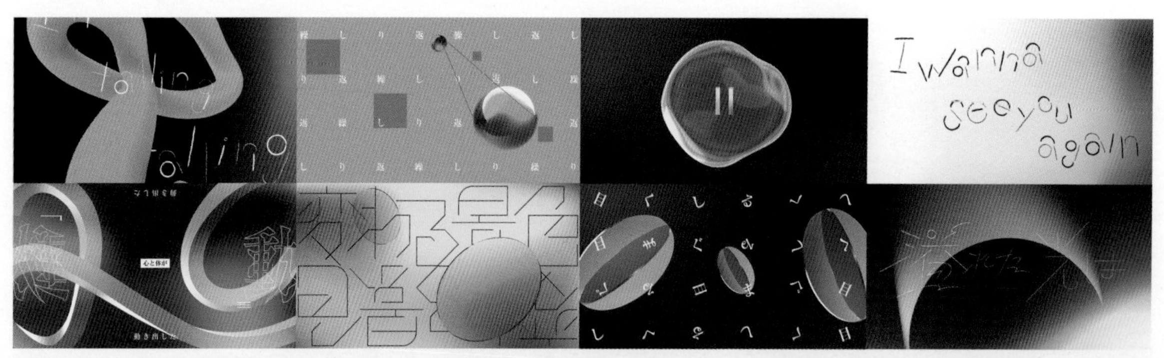

MV - ポルノグラフィティ 岡野昭仁「Shaft of Light」(2021) Lyric Design: ZUMA

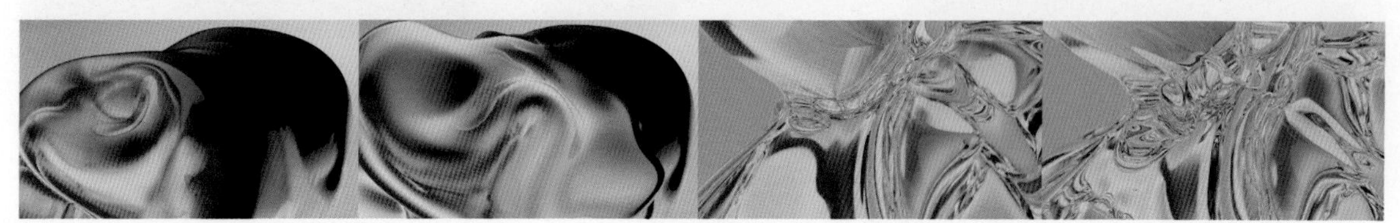

CM - パナソニック株式会社 Make New「オープニング」篇 (2022)

007/100

葛飾出身
KATSUSHIKA SHUSSHIN

CATEGORY/ MV, Web Movie, Live Movie, Title Design, etc.

BELONG TO/ 株式会社VIXI
TEL/ +81(0)50 5490 9753
E-MAIL/ info@vixi-vixi.jp,
tateyama@vixi-vixi.jp (Mg)
URL/ vixi-vixi.jp/members/katsushikashusshin

1998年生まれ、香川県高松市出身。2018年頃より、Twitter上で自作のレタリングをフィーチャーした短編ビデオ日記「今日の日記」の投稿のほか、木村カエラ、meiyoなど、様々なアーティストのMVを中心に映像作品を制作。「ポプテピピック」のエンディング担当回ではエンディング曲のリミックスも担当。ビザールギターを見るのが好き。カセットテープを媒体にし、自作曲を収録したアルバムも現在2作品販売中。

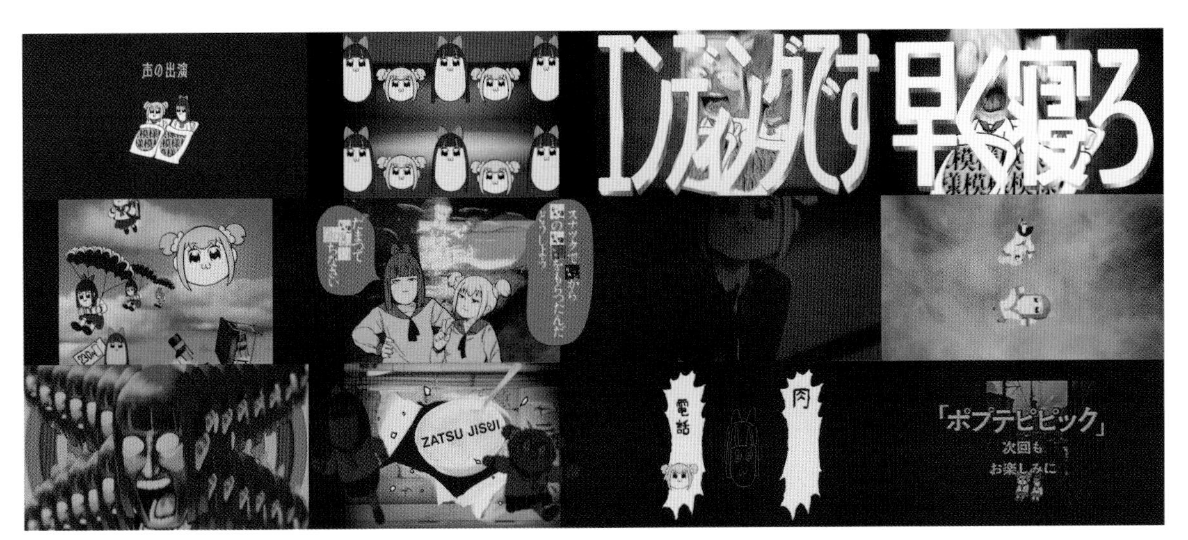

Motion Graphics - TVアニメ「ポプテピピック TVアニメーション作品第二シリーズ」第8話 エンディング映像（©大川ぶくぶ/竹書房・キングレコード | 2022）

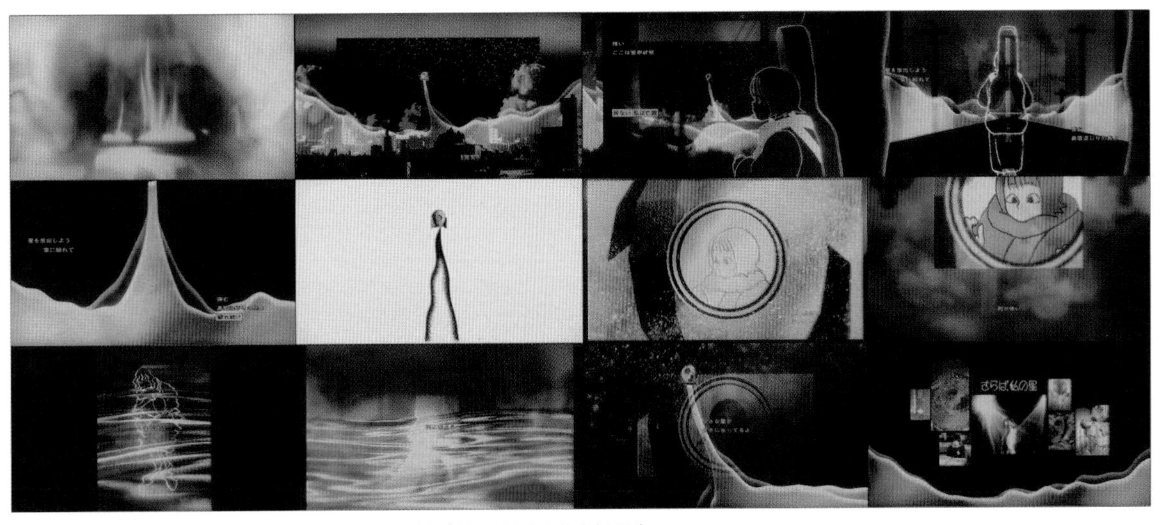

Motion Graphics - 八木海莉「さらば、わたしの星」ミュージックビデオ（©Sony Music Labels | 2023）

008/100

おんぐ　ong_

CATEGORY/ Motion Graphics

BELONG TO/ 株式会社 AtoOne
E-MAIL/ matsuong0817@gmail.com
URL/ twitter.com/matsuong_

モーショングラフィックスデザイナー。1994年生まれ。2020年に株式会社AtoOneに入社。同年、自主制作でモーショングラフィックスの創作活動を開始。文字と幾何学シェイプを中心とした色彩豊かなモーショングラフィックスを得意とし、CM・企業用VP・イベント映像の制作を手掛ける。2022年にはAdobe主催の「MAX Challenge 2022」にて、モーション部門でグランプリを獲得。

Live VJ Movie -「SO-SO Exercise」(©ong_ | 2022) 2022SO-SO Exercise VJ映像

Original -「TSUKURU is TANOSII」(©ong_ | 2022)

009/100

平沢治人　Haruhito Hirasawa

CATEGORY/ Motion Graphics, VP, PV, CM, Web

TEL/ +81(0) 90 9312 2496
E-MAIL/ contact@hirasawaharuhito.com
URL/ hirasawaharuhito.com

モーショングラフィックスデザイナー／グラフィックデザイナー。1997年生まれ。横浜市出身。専門学校でグラフィックデザインを学び、卒業後、デザイン事務所に入社し、映像制作と出会う。その後2023年に独立。グラフィックデザイナー出身ということからデザイン性に富んだ映像、DJ経験を活かした音にもこだわる映像を得意とする。主な仕事にJR東日本の会社紹介ムービー、BSフジのティザーCMなどモーショングラフィックスを主軸に幅広く活動中。

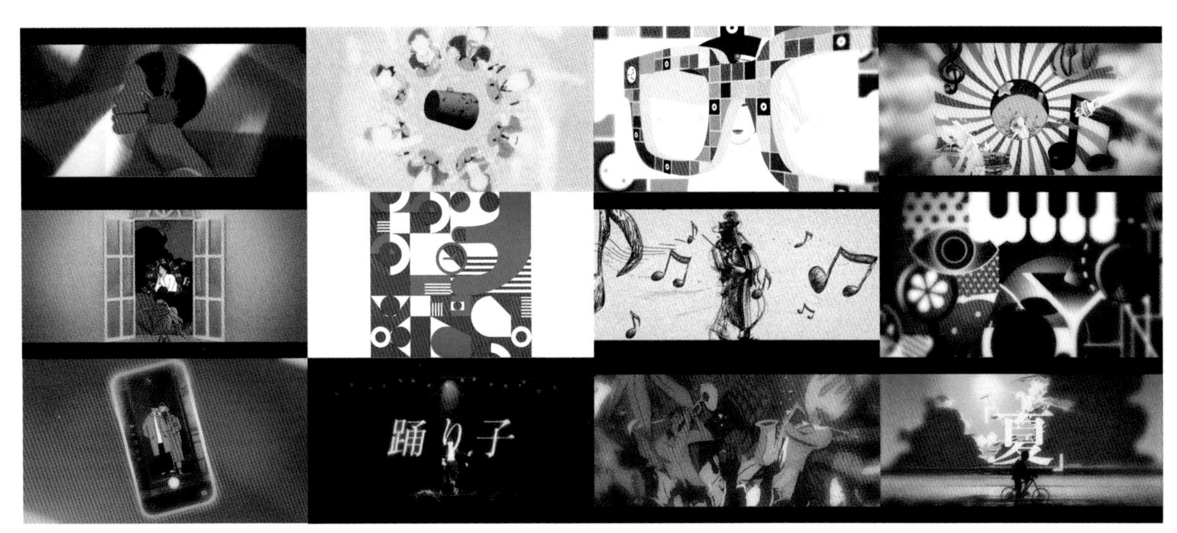

Motion Graphics -「HIRASAWA HARUHITO REEL 2022」(©HIRASAWA HARUHITO | 2022)

PV -「CASEPLAY PV」(©FOX.INC | 2022)

010/100

川島真美 Mami Kawashima

CATEGORY/ CM, Web, Graphic, etc.

BELONG TO/ DRAWING AND MANUAL
E-MAIL/ mami.kawashima@drawingandmanual.info
URL/ www.mamikawashima.com

1994年東京生まれ。EDP graphic works Co.,Ltd.を経て、DRAWING AND MANUALに参加。モーショングラフィックスを中心に、グラフィックデザインをはじめ、抽象的なブランディング映像からキャラクターを動かすアニメーションまで、様々な表現方法を用いる。

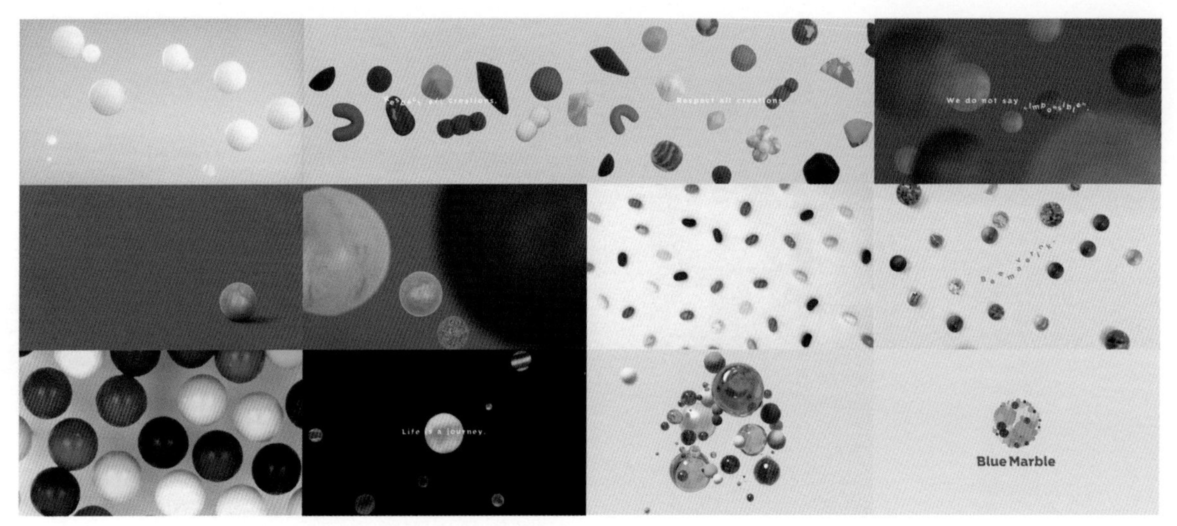

Brand Movie -「Blue Marble - Brand concept movie」(©Blue Marble | 2022) Director / Art Director: Mami Kawashima

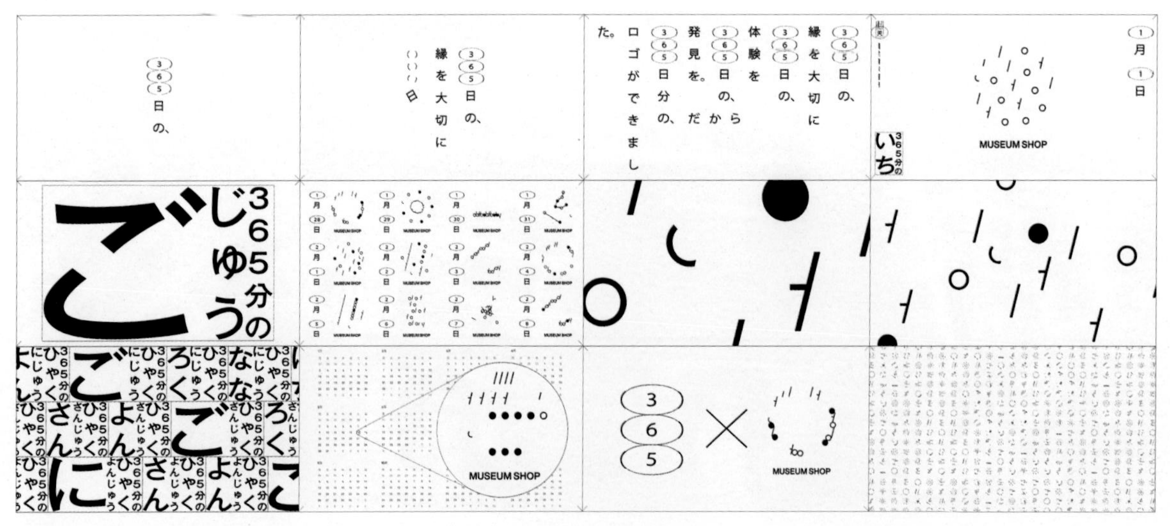

Brand Movie -「dot to dot today 365days logos」(©dot to dot today | 2022) Movie Director: Mami Kawashima

011/100

奥山太貴　Taiki Okuyama

CATEGORY/ Animation, Installation, Web, MV, VJ

E-MAIL/ info@okuyamataiki.com
URL/ okuyamataiki.com

1988年生まれ。アートディレクター／デザイナーとして音楽・美術・演劇などの分野で活動を行う傍ら、グラフィックアーティストとしてネオンサインをモチーフにした描線の明滅のみで構成されるループアニメーションやインスタレーションを制作。主な仕事に、BOTTEGA VENETA、ISABEL MARANT、ZADIG & VOLTAIREなどの海外ファッションブランドとのコラボレーション、アーティストのMVやVJを手掛ける。いちご農家でもある。

Web Media -「BOTTEGA VENETA - Issued by Bottega / ISSUE 03」(©BOTTEGA VENETA | 2021)

Digital Signage, Web -「ISABEL MARANT - TIGER SELECTION」(©ISABEL MARANT | 2022)

012/100

カルド _karudo

CATEGORY/ 3DCG, Motion Graphics, MV, PV

E-MAIL/ karudo0315@gmail.com
URL/ karudo003.tumblr.com

2005年生まれ、愛知県出身の映像作家。15歳から独学でCGを学び始め、現在では3DCGやモーションググラフィックスを駆使してMVやライブの映像演出を中心に、アニメの背景映像や企業のプロモーションビデオなど幅広いジャンルで多様な映像作品を制作している。

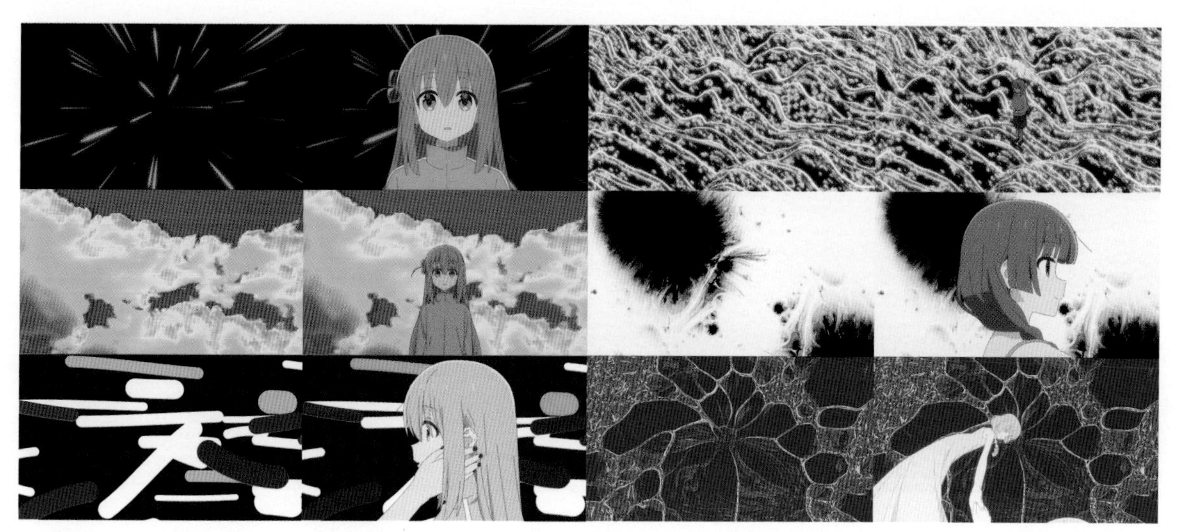

TV Program - TVアニメ「ぼっち・ざ・ろっく！」(©はまじあき／芳文社・アニプレックス | 2022)

MV - 明透「ライトイヤーズ」(©SINSEKAI STUDIO | 2023)

013/100

Marirui

CATEGORY/ MV, CM, 3DCG, Motion Graphics

BELONG TO/ UNDEFINED
E-MAIL/ contact@marirui.net
URL/ www.marirui.net

ディレクター／モーションデザイナー。2001年北海道札幌市生まれ。12歳の頃に編集ソフトと出会いそれをきっかけに映像作品を作り始める。2018年頃からフリーランスとして本格的に活動を始める。実写を始め3DCGからモーショングラフィックスなどを中心に幅広いジャンルで作品制作をしており、ドローン撮影の技術やグラフィックデザインも得意としている。またライブ系の背景映像の演出なども手掛けている。

Short Movie - ZONKO「Case of UNDEFINED」(2022) Director: Marirui

XFD - ナナヲアカリ「DAMELEON」(©株式会社ソニー・ミュージックレーベルズ | 2019) Director: Marirui

014/100

朝倉すぐる　Suguru Asakura

CATEGORY/ Motion Graphics, MV, CM, PV

E-MAIL/ sgraskr@gmail.com
URL/ www.sgasakura.com

山形県出身。宇都宮大学国際学部卒業。映像制作会社にてゲームのオープニングやプロモーション映像制作に携わった後、2021年に独立。モーショングラフィックスを軸に活動中。

Motion Graphics / Animation / CG / MV - 花譜×長谷川白紙「蕾に雷」(2022)
Director / Motion Graphics / Composite: 朝倉すぐる, Animation Director: que, Title and Lyric Design: 岩佐知昂 (THINKR), Assistant Director: 井上裕貴, 3DCG: 井上佑樹 (cresco motion design), 菅野洋平, Producer: 根岸秀幸 (THINKR), KAMITSUBAKI STUDIO / THINKR INC.

Animation / Motion Graphics / Music Video - V.W.P「再会」(2022)
Director/Composite: Suguru Asakura, Animation Director: syo 5, Animator: Otonashi Io, Kannosuke, Kureco, Shibito, Mai Sugita, Asuka Dokai, Yukina Nakane, Ran Naruse, Kitan Nomura, Akari Kojima, FASTO, 666Ban, Color Checker: Sakurattyo, Paint: Chiami Ino, Saki Kurata, Sakurattyo, Ai Shiga, Sanami Tatibana, Background: J.taneda, Yusuke Fujishiro, Typo Design: Tomotaka Iwasa, Story Design: Souki Tsukishima, Storyboard: Suguru Asakura, Yuki Inoue, Nagi Onami, Akari Kojima, Animation Production: KIKO, Animation Producer: SHIKO, Producer: Hideyuki Negishi, KAMITSUBAKI STUDIO / THINKR INC.

015/100

12s jyuni-byo

CATEGORY/ MV, PV, VP, CM, Web, TV, BGV, CI, Spot, Event, Drama

BELONG TO/ STUDIO KAIBA Inc.
TEL/ +81 (0) 3 6455 1225
URL/ studio-kaiba.co.jp,
lit.link/jyunibyo

映像ディレクター／映像クリエイター。九州産業大学卒。「ツツミヒデアキ」名義でも活動。多様なジャンル・媒体の映像制作に関わった経験をベースに、演出･編集からデザイン、3DCG･モーショングラフィックス、サウンド・撮影のディレクションなど、映像制作に関する工程を幅広く担当する。STUDIO KAIBAに所属。

Showreel -「12s Showreel Practice Movie COUNT-204」(©jyuni-byo | 2023)

ANIMATION

016/100

INTERVIEW WITH

Harumaki Gohan
はるまきごはん

CATEGORY/ MV

ボカロPとして作詞作曲や歌唱はもちろん、MVではイラストとアニメーション、アルバムのパッケージデザインにいたるまで、ほぼすべてのクリエイティブを自身で手掛けるはるまきごはん。2022年に開始した「幻影」シリーズでは、ゲーム『幻影AP-空っぽの心臓-』をリリースするなど、没入度の高い体験設計を加速させている。現前の世界とは異なるもうひとつの世界の創造。それは、はるまきごはんにとってどのような意味を持つのだろうか。

——いつ頃からアニメーションを作るようになったのですか?
はるまきごはんとして音楽活動をする前から作っていました。きっかけは、中学生のときにパソコンを買ってもらったことです。パソコンで遊べることなら何でもやってみたくて、アニメーションもそのうちのひとつでした。デジタルでイラストを描けるようになったから、今度はそれを組み合わせて動かしてみた、という。

一般に公開したという意味では、自分のミュージックビデオが最初です。当初は歌詞をモーショングラフィックスで動かしたり、イラストを載せるというシンプルなものだったのですが、2017年ぐらいから物足りなくなってきて、これを進化させるとしたら絵を動かすしかないな、と。今では珍しくはないですが、当時はボカロ界隈でアニメーションを使ったミュージックビデオは少なくて、だからこそやってみたいという好奇心もありました。

——インターネットを中心に活動する点もはるまきさんの特徴かと思います。インターネットとの関係を教えていただけますか。
そもそも僕は学校やリアルな世界が全然好きではなくて、インターネットは最初、逃げ場だったんです。インターネットには自分の居場所があった。むしろ今となってはインターネットのほうがリアルで、気づいたら逃げ場が自分のすべてになっていました。

逆に、顔を突き合わせることには強いストレスを感じるタイプです。今でこそビデオ会議が普及しましたけど、かつてのインターネットは基本的に顔を出さず、チャットや声だけでコミュニケーションするものでした。見た目やプロポーションを前提としないコミュニケーションの場というのは中学生の自分にとって新鮮でしたし、すごく魅力的に感じていました。

——バーチャル空間のほうにリアリティを感じるわけですね。そうすると、身体や健康を意識することは少ない?
あまりないですね。たぶん、不健康なほうなんだと思いますし、それで言うと最終的には体もいらないです。理想としては脳だけになってものづくりするというのが、自分にとって一番居心地がいい。ただ、今の技術だと生命が維持できない可能性が高いので、その選択肢はないのですが。

今後、技術が発達して脳だけの人間が実現したら、老いていく身体を捨てて、自分の作った仮想空間の世界と融合したいですね。安全性が担保されたら本気で検討すると思います。死んでしまったら楽しくないので。

——ユーザーを巻き込むようなストーリーや世界観が特徴的ですが、こうした設計にはどのような影響がありますか。
これまでの話に通じますが、僕はもうひとつの世界を作りたいという欲求がすごく強いんです。今の世界には満足していなくて、それよりも自分の考えた世界のほうがよくない? という考えが根底にある。地球上に存在する美しい景色よりも、より幻想的、神秘的な光景に憧れます。ほかにも人間の汚らしい部分を排除した生き物と暮らしたいとか、自分がそうなりたいという「美しいもの」への憧れもあります。

E-MAIL/harumakigohan999@gmail.com
URL/harumakigohan.com

作詞作曲編曲、イラスト、映像、アニメーション制作まで、すべてのクリエイションを手掛ける。VOCALOID、自身歌唱によるMVで描かれる物語を軸に、本人がコンセプトからパッケージイラスト・デザインまで手掛けたアルバムや、ワンマンライブなどを展開。2022年発表の「幻影シリーズ」では、ゲームアプリや漫画も制作した。2019年よりアニメ制作チーム・スタジオごはんを立ち上げ、アシスタントと共にアニメーション制作を行っている。スープカレーが好き。

おそらく、これは自分に対するコンプレックスからきているんだと思います。でもそのコンプレックスを現実世界の中で対処するのは性に合わなくて、それならゼロから新しい世界を作ってしまったほうが早いんじゃないか、という発想です。現実世界をある程度諦めているというか。

——作品に共通するテーマはあると思いますか。
自分が好きと思えるかどうかがすべてで、あえてテーマを掲げることはあまりないです。好きならどんなジャンルでも、表現でも、主張でもいいと思っています。作りたいものは無限にあって、毎回1つを選んでいくという感覚です。

あえて好きな方向性を言うとしたら、切なさや寂しさを感じるものですね。切ないけど、見た目は美しかったり幻想的だったりするもの。なので楽しいとか、ポジティブな感情でものづくりをすることはあまりなくて、ネガティブな感情に基づくものだけを作っていると思います。

——ネガティブな感情をもとにした作品が、ここまで共感されるのはなぜだと思いますか?
そこまでたくさん共感されているとは思っていないですけど、楽しい感情だけで生きていける人はそこまで多くないのかなと感じます。誰しもがどこかに寂しさや辛さを抱えているんじゃないでしょうか。たとえば歌詞を通してモヤモヤとした気持ちをリセットしたり、自分を“治す”ような目的で音楽に触れる人はすごく多いと思いますし、音楽に共感してくれているのもそういう人たちなのかなと。もちろん、楽しい感情を増幅させるために聴くのもひとつの楽しみ方ですが。

——昨年はアプリゲーム『幻影AP-空っぽの心臓-』もリリースされました。ゲームという新たな表現によって、世界観が拡張しているように見えます。
そうですね。これまではミュージックビデオや音楽といった受動的に体験する作品しかなく、お客さんに自分が作った世界を自ら歩いてほしいという気持ちがずっとあって。ライブの空間演出にしても、個展でも、お客さんが自分の世界に入り込んだような体験を目指すことが多かったんですよね。その点、ゲームであればキャラクターを操作して、自分が作った世界の中を歩く体験を生み出せます。

ただ、ゲームを作ることができたのは環境の要因もあったと思います。たまたま近い友達にゲームクリエイターが何人かいて、彼らとなら作れるんじゃないかと感じたんです。このチームでなければここまで自分の世界観を表現できなかったと思うので、これもめぐり合わせで生まれたのかなと。

——最終的に作りたい作品のイメージはありますか?
最後は自分の作った仮想世界で生活したいと思っているので、VRには興味があります。今のVRでハックされるのは主に視覚と聴覚ですけど、『ソードアート・オンライン』のような、五感も含めて仮想世界に入ってしまうようなデバイスが生まれたら、本当に作りたいものが作れるんじゃないか、なんてことも考えたり。倫理的、技術的な問題もあるので時間はかかるでしょうけど、生きているうちにそんな未来に辿り着けたらいいですね。

——映像表現に対する可能性について感じることがあれば教えてください。
自分の作品を振り返っても、音楽だけだったときと比べると、映像によって伝えられる情報量が桁違いに増えました。僕はキャラクターを作るのがすごく好きなんですが、音楽だけでは表現に限界があります。映像を作るためにキャラクターを描けるということがまず楽しいですし、嬉しいんですよね。キャラクターを通じて、自分が思い描くもうひとつの世界を表現できるのが、映像表現の可能性なのかなと思います。

MV -「第三の心臓 / はるまきごはん feat.初音ミク」(©スタジオごはん | 2021)

MV -「再会 / はるまきごはん feat.初音ミク」(©スタジオごはん | 2019)

MV -「月光 / はるまきごはん×キタニタツヤ feat.初音ミク&鏡音リン」(©スタジオごはん | 2022)

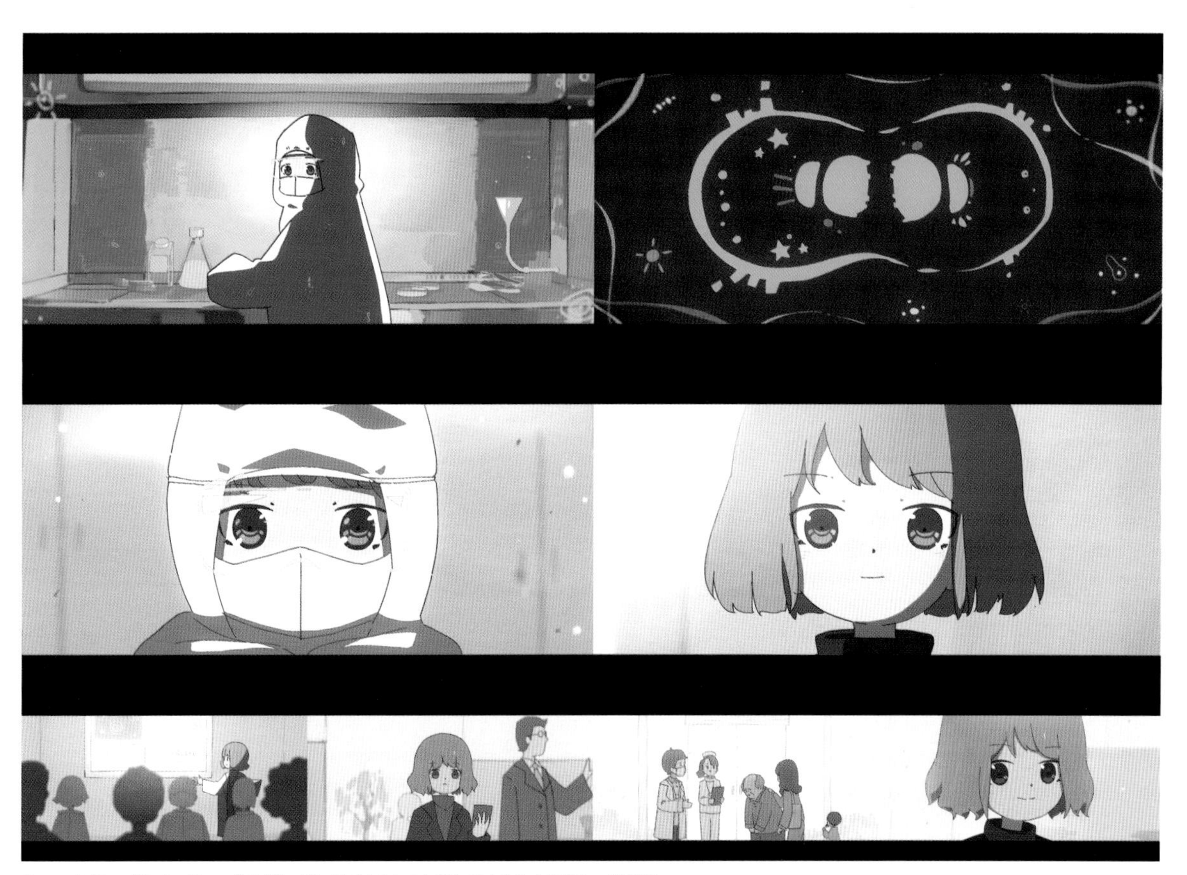

Corporate Brand Movie - Nikonブランドムービー「わたしたちの未来は」アオイパート(©Nikon | 2021)

017/100

藍にいな　Ai Nina

CATEGORY/ MV, CM, Book Illustration

BELONG TO/ 株式会社ソニー・ミュージックエンタテインメント
URL/ ainina.net

アニメーション表現を軸に、音楽業界、ファッション、装丁など様々なジャンルの作品を手掛ける。独特の色彩感覚とタッチで世界観を作り上げ、注目を集めているアーティスト。

MV - YOASOBI with ミドリーズ「ツバメ」(2021) Director / Animator: Ai Nina

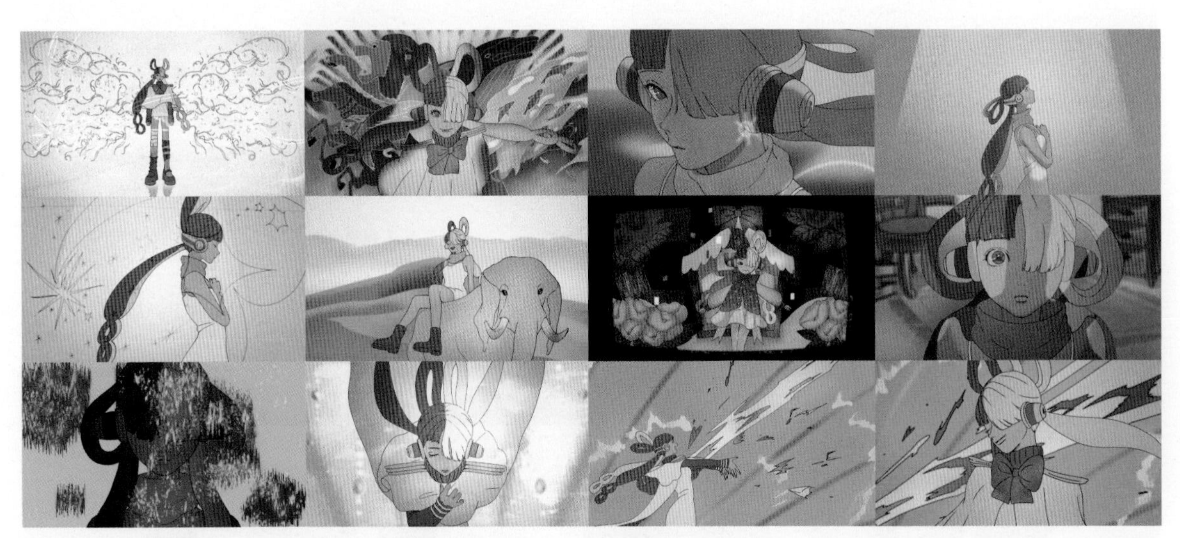

MV - Ado「私は最強(ウタ from ONE PIECE FILM RED)」(©尾田栄一郎/2022「ワンピース」製作委員会 | 2022)
Director / Animator: Ai Nina, 3D Animator: Hiromu Oka, Effect Animator: ZECIN

018/100

クーテン　qootain

CATEGORY/ MV, Web Advertisement, TV Animation OP / ED, etc.

URL/ qootain.com

2021年に結成された、南條沙歩と河原雪花によるアニメーション映像ユニット。ドローイングアニメーション、切り絵アニメーション、3DCG、モーショングラフィックスなど、様々な手法を横断した映像表現を試みている。両名の作家性を掛け合わせた柔軟な演出と、アナログなテクスチャ感が残る繊細な画作りが注目を集める。現在は拠点を京都に置き、MVや企業CM、TVアニメーションのOP･EDを担当するなど、活躍の場を広げている。

MV - ウォルピスカーター「オーバーシーズ・ハイウェイ」(©NIPPON COLUMBIA CO.,LTD | 2021) Director / Animation: 南條沙歩, Cutout Animation: 河原雪花

TV Animation Ending -『チェンソーマン』第6話エンディング(©藤本タツキ／集英社・MAPPA | 2022) Director / Animation / 3DCG: 南條沙歩, Cutout Animation / 3DCG: 河原雪花

CM - EneKey 春のキャンペーン「EneKey × 俺たちのサーカス by 斉藤和義」(©ENEOS Corporation | 2022) Creative Director: 高田勝義, Director: 太田慧, Animation: 南條沙歩, 河原雪花

MV - 江頭2:50「今宵の月のように covered by 江頭2:50」(©エガちゃんねる | 2021) Director / Drawing Animation: 南條沙歩, Cutout Animation / Drawing Animation: 河原雪花

019/100

秋鷲　Akiwashi

CATEGORY/ MV

BELONG TO/ ユルーカ研究所
E-MAIL/ eulucalab@gmail.com
URL/ twitter.com/Euluca_Lab
www.youtube.com/@eulucalab.

1999年生まれ。大学卒業後、卒業制作作品を1作目として物語×映像×音楽クリエイターチーム「Euluca Lab./ユルーカ研究所」が発足。在学中は主にイラスト作品を手掛ける。卒業制作の自主制作アニメMV「魔法のない世界で生きるということ」は作詞で参加した音楽と声を除き、すべてを一人で制作した。今後は自身の作った物語を映像・音楽・文章・ゲームなど様々な媒体で出力した作品を制作予定。

Original -「魔法のない世界で生きるということ」(Euluca Lab. | 2022)

Short Movie -「五線譜と月とアフォガート」(Euluca Lab. | 2019)

020/100

Qzil.la株式会社　Qzil.la, Inc.

CATEGORY/ CM, MV, PV, TV Animation OP/ED

URL/ qzil.la

2021年2月設立。CM、MV、TVアニメのOP/EDなどハイクオリティのショートアニメを中心に制作。「常識を問い直し、アニメ産業に超ド級の変革を起こす。」をミッションに掲げ、テクノロジーを駆使した新しい制作手法の開発に挑みながら、ハイクオリティでエッジの立った映像制作を手掛けている。2023年からシリーズサイズのアニメ作品も順次公開予定。2022年11月に公開された「大脳的なランデブー / Kanaria」MVは約700万再生(2023年2月時点)。

Animation MV -「KASHIKA_02 BOUNCE DANCE」feat. 4s4ki Teaser (©KASHIKA | 2022)

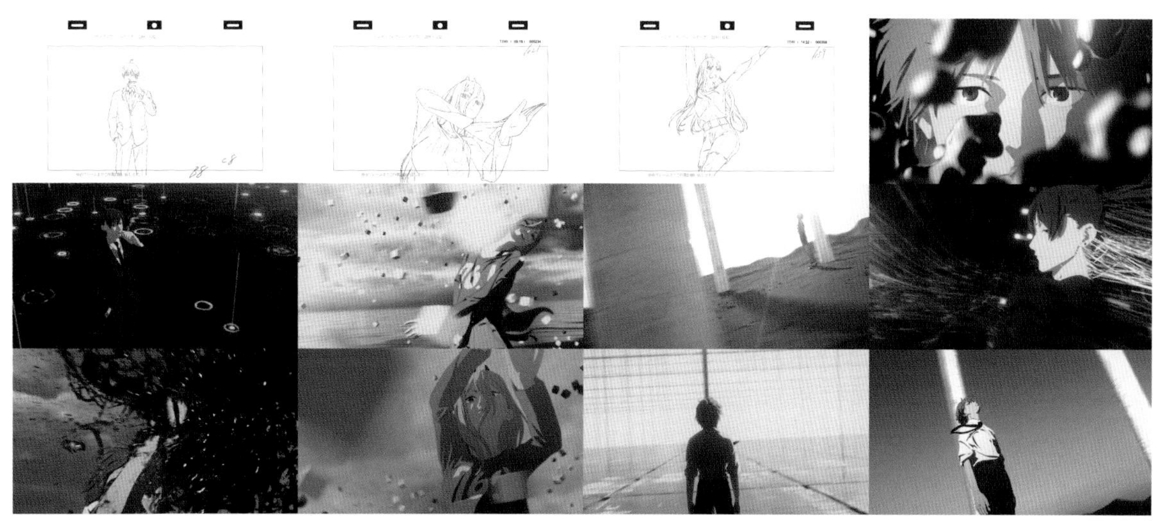

TV Animation Ending -『チェンソーマン』第11話ノンクレジットエンディング 女王蜂「バイオレンス」(©藤本タツキ/集英社・MAPPA | 2022)

021/100

涌元トモタカ
Tomotaka Wakumoto

CATEGORY/ MV, CM, Web

TEL/ +81(0)90 2937 1556
E-MAIL/ tomotaka.wakumoto@gmail.com
URL/ wakumoto.work

1991年大阪府生まれ。愛知県立芸術大学美術学部油画専攻卒業。都内アニメーション制作会社で撮影スタッフとして3年ほど従事した後フリーランスとして独立。その後THINKR.incに入社し、4年間映像監督として2Dアニメーションから CM、MV、PVなどの映像制作を担当。作風はクラブカルチャーから色濃く影響を受けており自身もDJとして活躍。2022年より再びフリーランスとして独立し、ジャンルにとらわれない映像制作をモットーに活動中。

MV - 苺りなはむ「存分」(© JVCKENWOOD Victor Entertainment Corp. | 2022) Director, Designer, Compositor: 涌元トモタカ

MV - 苺りなはむ「楽煙」(©JVCKENWOOD Victor Entertainment Corp. | 2022) Director, Prop Maker, Designer, Compositor, Production Manager: 涌元トモタカ

022/100

はなぶし　hanabushi

CATEGORY/ Animation, MV, Game, Illustration, Character Design, Direction, Storyboarding

E-MAIL / ask.hanabushi@gmail.com
URL / twitter.com/hanabushi_

アニメーター／キャラクターデザイナー。商業アニメのキャラクターデザインや作画監督、絵コンテなど幅広く担当し、数多くの作品に携わる。個人制作した「ずっと真夜中でいいのに。」のMV「お勉強しといてよ」「暗く黒く」が新たな層に広がり高い支持を得た。現在インディゲーム「ピギーワン SUPER SPARK」をhako生活氏と制作中。クラウドファンディングが大成功を収めた。

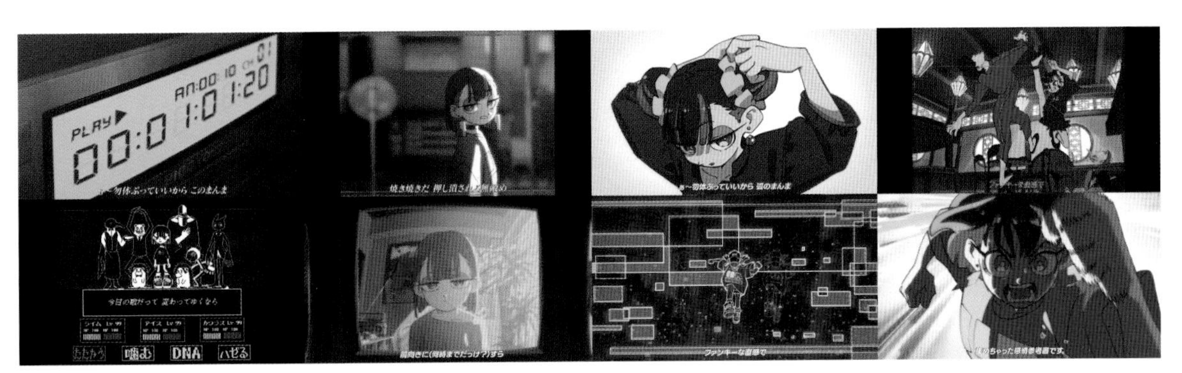

MV - ずっと真夜中でいいのに。「お勉強しといてよ」(©ZUTOMAYO | 2020)

MV - ずっと真夜中でいいのに。「暗く黒く」(©ZUTOMAYO | 2021)

Indie Game - 「ピギーワン SUPER SPARK」(©はなぶし(仮) | 2023年完成予定)

023/100

asano66

CATEGORY/ MV, CM

BELONG TO/ FLAT STUDIO
E-MAIL/ asano66.job@gmail.com
URL/ twitter.com/66asano

アニメーター／アニメーションディレクター。キャラクターのディテールへのこだわりを感じさせる繊細な動きを得意とし、デザイン性の高い画面構成と幅広い世代に向けた普遍的なデザインをモットーに制作を行う。監督としてTVアニメ『ポプテピピック TVアニメーション作品第二シリーズ』第4話「トレインバトル」、「物語を君へ。-不可解弐Q1ライブEDアニメーション-」、DREAMS COME TRUE「YES AND NO」などを手掛ける。キャラクターデザイナーとしても活動中。FLAT STUDIO所属。

TV - TVアニメ『ポプテピピック TVアニメーション作品第二シリーズ』第4話「トレインバトル」(2022) Director: asano66

Live Movie -「物語を君へ。-不可解弐Q1ライブEDアニメーション-」(2020) Director: FLAT STUDIO (asano66 + Tomotaka Wakumoto)

024/100

ido

CATEGORY/ Illustration, MV, CM

E-MAIL/ idoanime.1970@gmail.com
URL/ lit.link/idoanime

イラストレーター／映像作家。看護師・医療従事者を経て、2022年作家に転身。ファッション性・ストーリー性の高いアニメーションを中心に活動中。主な仕事にすりぃ、獅子志司、缶缶MV、Project Young. × Eve Web CMなど。映像表現だけでなく、イラスト、作家とのアパレルコラボアイテムも手掛ける。

MV - 獅子志司「橙一点」(2022) Director: ido

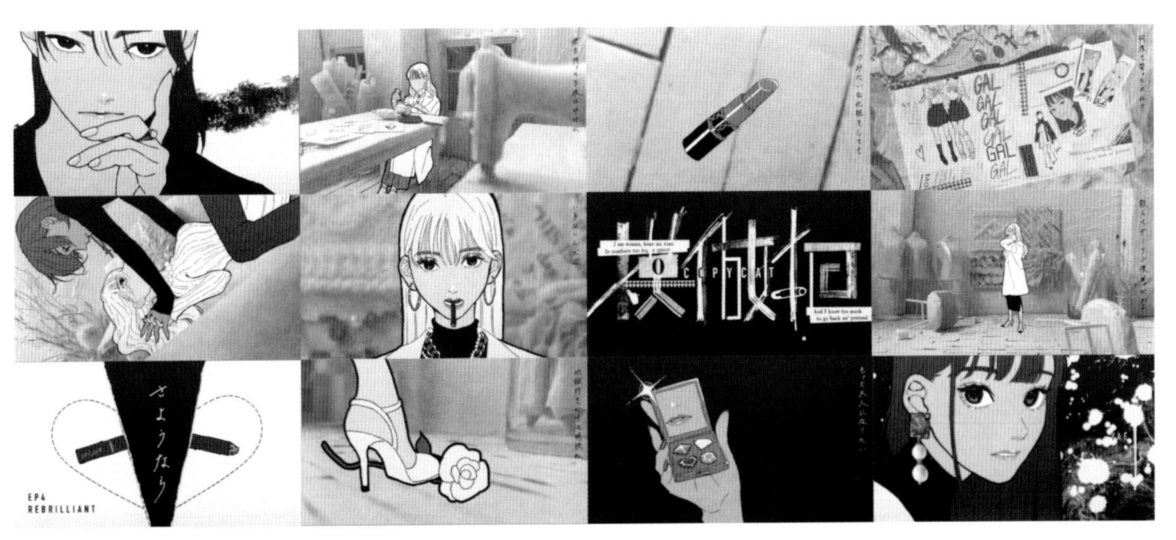

MV - 缶缶「模倣犯」(2023) Director: ido

025/100

coalowl

CATEGORY/ MV, Advertisement, Animation Ending, etc.

E-MAIL/ owlcoal@gmail.com
URL/ coalowl.com

東京都在住。2018年からフリーのイラストレーター、アニメーション作家として活動開始。代表作MV「テレキャスタービーボーイ」やアニメ「チェンソーマン」第4話エンディングなど。そのほかにもグッズのデザインやキービジュアル、キャラクターデザインなどを手掛け、活動は多岐にわたる。少しのユーモアとエモーションを武器に、女の子とゆるいキャラクターを描いている。

MV - PEOPLE 1「常夜燈」(©PEOPLE 1 | 2020)

TV Animation Ending -『チェンソーマン』第4話エンディング TOOBOE「錠剤」(©藤本タツキ/集英社・MAPPA | 2022)

026/100

わっち　WACCHI

CATEGORY/ MV, TVCM, Web CM, VR, Hologram Advertising, Planetarium Dome Images, etc.

E-MAIL/ wacchi@wachinoka.com
URL/ wachinoka.com

ディレクター／アニメーション作家。3D ／ 2Dアニメーションスタジオ、広告映像会社を経て独立。ブランドやストーリーに合わせた様々なルックのアニメーションを制作。CM、MVなどの映像のほかに、VRを使用した“手描きの3D”でホログラム広告やプラネタリウム作品なども手掛ける。主な仕事に&honey・ululis・コニカミノルタプラネタリウム「星地巡礼 -Premium Nights-」OPアニメーション・渋谷マークシティ前ホログラム広告など。

CM -「ululis」(©H2O | 2021-)

CM -「&honey」(©ViCREA | 2020-)

2D/VR Paint -「オリジナル」(©WACCHI | 2019-2023)

MV - 真っ白なキャンバス「ルーザーガール」(©KING RECORDS | 2020)

027/100

おこわ　Ocowa

CATEGORY/ 3DCG, Animation, MV

E-MAIL/ ocowa0025@gmail.com
URL/ twitter.com/ocowa_0025

2019年より独学で3DCGに触れ始め、2021年より本格的に映像制作を開始。アニメーションMV制作、自主制作作品の公開を中心に活動を行う。

MV - エゴロック (long ver.)「すりぃ feat. 鏡音レン」(2021) Music: すりぃ, Movie: Ocowa, Base: pino, Dance Choreography: ゆいる

Original Movie - 「The little dance show」(2021)

028/100

巡宙艦ボンタ　JunchukanBonta

CATEGORY/ MV

TEL/ +81(0) 80 4095 1725
E-MAIL/ bonta634@gmail.com
URL/ twitter.com/bonta634

1999年生まれ。東京工芸大学に在学中の2020年よりアニメーションMVなどの制作、協力を行う。セルによるトラディショナルなスタイルの平面アニメーションを意識しつつ、立体模型、実写、8ミリフィルム撮影や人形劇、3DCGなど、様々な技法を並列して扱う。

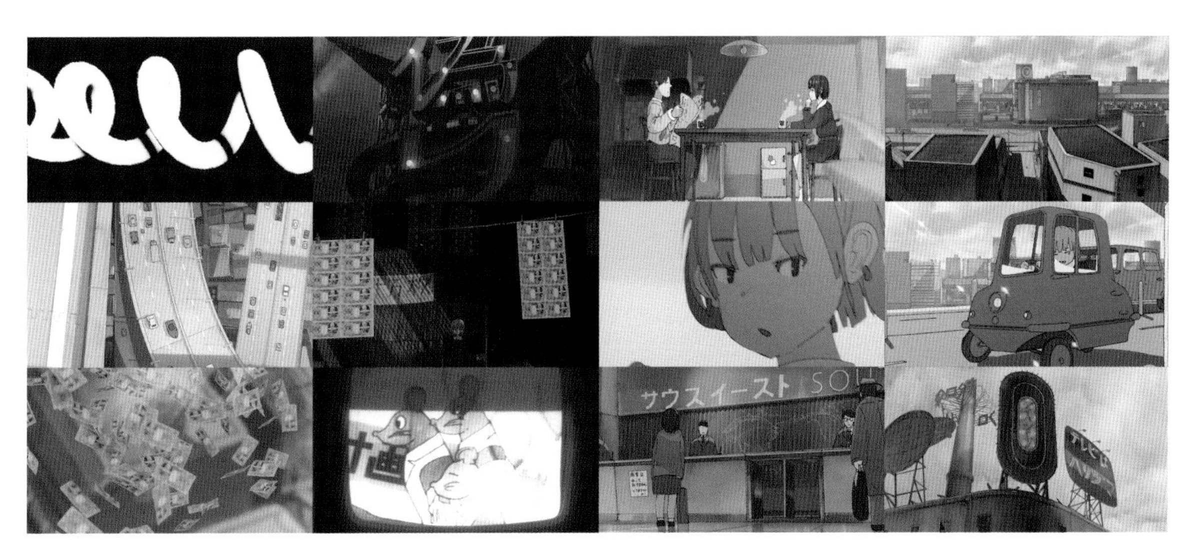

Animation MV - 海羽「偽り」(2022) Animation: 巡宙艦ボンタ

Animation MV - 天開司「Knock on the new world」(2022) Animation: 巡宙艦ボンタ

ANIMATION

029/100

INTERVIEW WITH

Sorao Sakimura
崎村宙央

CATEGORY/ Short Film, 2D Animation, 3D Animation, CM, MV

高校2年時に制作した短編アニメーション「蝉の声、風のてざわり」がWIRED CREATIVE HACK AWARD 2020のグランプリなどを獲得し、鮮烈なデビューを果たした崎村宙央。普段の生活で得た考えや脳内に飛び交うイメージをモチーフとし、手描きの作画や3DCG、実写など様々な表現方法を用いて描き出す。その表現力から、広告やMVなどの領域にも活躍の場を広げつつある崎村のバックグラウンドを覗く。

——映像制作を始めたきっかけを教えてください。
高校生のときから独学でアニメを作っていましたが、人前で見せたのは高校の文化祭のオープニング用アニメーションが最初です。それまでにもBlenderやAfter Effectsは触っていました。

——幼少期からものづくりに関心がありましたか？
親が陶芸家で、クリエイティブなことには寛容な環境でした。子どものころから絵を描いたり、Wordで壁新聞を書くのにハマったりしていましたし、カメラで写真や映像を撮るようにもなったのもその流れです。自分の思っていることを表現するきっかけがあったというより、自然とものづくりをするようになった、という感覚です。

——アニメーションではどのような手法を使うことが多いですか？
最近は3DCGと手描きのアニメーションを混在させたり、実写を組み込むこともよくします。プリビズを3Dで起こして、それをもとに手描きで作画をしたり、コンポジットの際に実写の素材を使って厚めに乗せていく、といったやり方もあります。

——異なる質感をミックスされていますが、その感覚はどのように培われたと思いますか？
やっぱり、独学だからなのかなと思います。今思えば文化祭の映像のときから混ざっていましたし。映像表現を広い視点で俯瞰して、これまであまり同居してこなかった手法を混ぜてみるのが好きで、どんな組み合わせが面白いかよく想像しています。ただ、僕は大雑把な部分もあるので、強引に合わせて作ってみた結果、違和感が出て面白くなったというパターンもあります。

——現在興味のある手法はありますか？
ジェネラティブアートやプロシージャルな制作手法にも興味があって、Houdiniの勉強会に出席したり、実際にHoudiniを使って制作してみたりしています。それと、TouchDesignerにも挑戦してみたいですね。

多様な表現手法を混ぜ合わせつつも、基本的には自分の頭の中に浮かぶイメージを表現したいという欲求が根本にあって。そのイメージのなかには幾何学的な美しいパターンもあるのですが、HoudiniやTouchDesignerを使えると、それらを音楽に合わせて動かしたりできるんだろうなと。実写を主軸に置いた作品も作ってみたいですし、VRChatなどでのXR系の制作にも興味があります。

——制作プロセスを教えてください。
大きくは「何を作るか」と「どう作るか」という2つのプロセスに分けられると思うのですが、このうち、何を作るのかにあたる絵コンテの完成度にはかなりこだわります。逆にどう作るかには囚われないよう意識していて、絵コンテが固まった段階で、ようやくどう作るかを考えていきます。

なので、プロセスは様々です。アニメーションのようにレイアウトを手で描くこともあれば、3Dで下書きを起こすこともあるし、写真が一番にくることもあったり。「蝉の声、風のてざわ

E-MAIL/ sorao.sakimura@gmail.com
URL/ soraosakimura.info

2001年生まれ。映像作家／アニメーション作家。手描きアニメーション、3DCG、実写撮影を独学で学び、それらを複雑に組み合わせた独自のワークフローにより、自身の頭の中にある感覚や残像をユニークな映像として表現している。WIRED CREATIVE HACK AWARD 2020 グランプリ、アジアデジタルアート大賞2022 優秀賞、恵比寿映像祭2023出展など実績多数。現在は九州大学芸術工学部に在学しながら、映像作家としての活動を加速させている。

り」は学校が舞台だったので、校内を撮影した写真をレイアウトに使用しています。

――人物の描写が特徴的でもありますね。

人の動きに関しては日本のアニメからの影響が大きいですね。日本のアニメのリミテッドな動きが好きで、よく原画を集めたWebサイトを見たり、原画集を買ったりしています。ただ、もちろんプロのアニメーターの技術には到底及ばないので、ロトスコープで自分の動きをトレースしたり、3Dレイアウトで補ったりしていて、それらが動きの特徴として表れているのかなと。最近はSFなどの洋画も好きで、ドゥニ・ヴィルヌーヴの『メッセージ』のアートブックや、ポン・ジュノの『パラサイト』の絵コンテ集を購入しました。

――作品において共通するテーマはありますか？

「生きづらさ」はテーマになっているのかなと思います。言いたいけど言えなかったこと、考えているけど口では言えなかったこと。そういう気持ちを作品にしていく側面がある。「蝉の声、風のてざわり」は、高校生ならではの生きづらさを衝動的に叫び発散するという作品でしたが、この作品以降、自分の中でも生きづらさを描いていくという方向性が決まったような気がします。

程度の差はあっても、誰もが生きづらさを抱えて生きているはずです。そう考えると、自分の生きづらさを掘り下げることと、社会とのつながりを持つことは、実は同じベクトルを向いているんじゃないかと思うこともあって。今後も、生きづらさのなかにありながらどう生きていくのかを作品を通して深めていきたいです。

――「蝉の声、風のてざわり」以外にも、重要な作品があれば教えてください。

もうひとつ挙げるとしたら、カロリーメイトのWeb CMです。初めてのクライアントワークで右も左も分からない中で、それでも自分じゃなきゃいけない理由というか、自分にしか出せない絵をどうすれば作れるのか、本当に苦労しながら作りました。最終的には、CMのコンセプトである「熱量」を、部活に打ち込む登場人物を通して表現できたかなと思います。新人の自分が凄腕のクリエイターに囲まれながら、まさに限界まで力を振り絞る熱量をもって取り組みました。CMの内容と自分の状況を重ねていた部分もあって、とても思い出深い作品になりましたね。

――チームでの制作にも興味はありますか？

めちゃくちゃあります。これまでひとりでやってきたからこそ、その限界もよく理解しているつもりです。僕は幅広い表現を扱うことに力点を置いているので、ひとつの技術を極めている人には当然敵わない。でも、そうしたプロたちとタッグを組むことで、一人では到達できなかった作品が作れるはずです。

それに、僕は最終的には映像監督になりたいとも思っているので、様々なジャンルの方たちと一緒に自分が道筋を示しながら作品を作ることに憧れがあって。映像監督は、言ってみればチームのリーダーじゃないですか。ちなみに最近は複数で制作することもあって、最新作「The Swamp (All That I Can't Leave Behind)」やバーチャル・シンガーのPV「Reconnect to METRO MEW」は、大学で出会った友人と制作しています。僕がディレクションを担当して、友人にはアニメーションやアセット作成などで協力してもらいました。

――最後に、映像の可能性についての考えをお聞かせください。

映像の力とは「視点」の力だと思っています。自分の見たものを、隣の誰かにも見せられる。あるいは自分が見なかったものを、他者や架空の人物の視点から見ることができる。そして映像作品を作ることで、他者とのつながりができたり、見た人から感想をいただいたりすることは、自分の視点を広げてくれもします。さまざまな「視点」を通じて、世界を広げてくれる可能性が映像にはあると信じています。

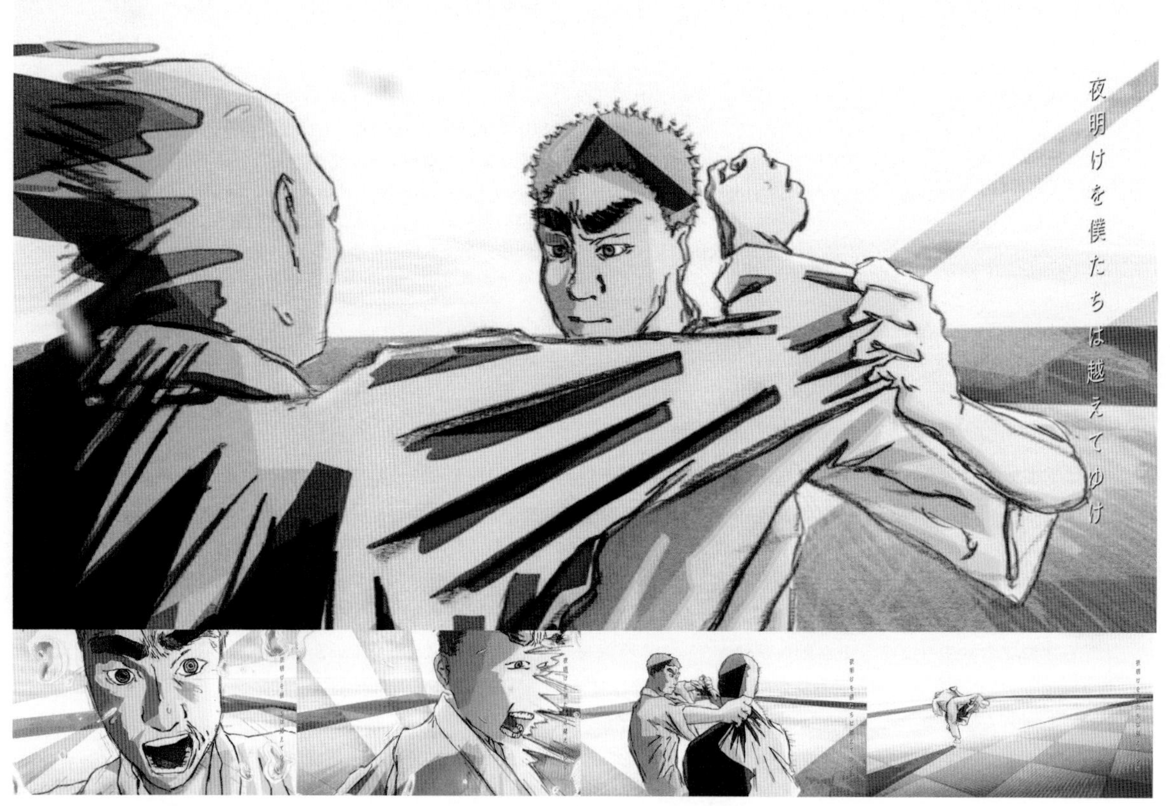

Web CM - カロリーメイト「夏がはじまる。」篇 (©Otsuka Pharmaceutical Co.,Ltd. | 2021) Director: Takumi Shiga, Production: AOI Pro.

Short Film - The Swamp (All That I Can't Leave Behind) (©Sorao Sakimura | 2022) Director: Sorao Sakimura

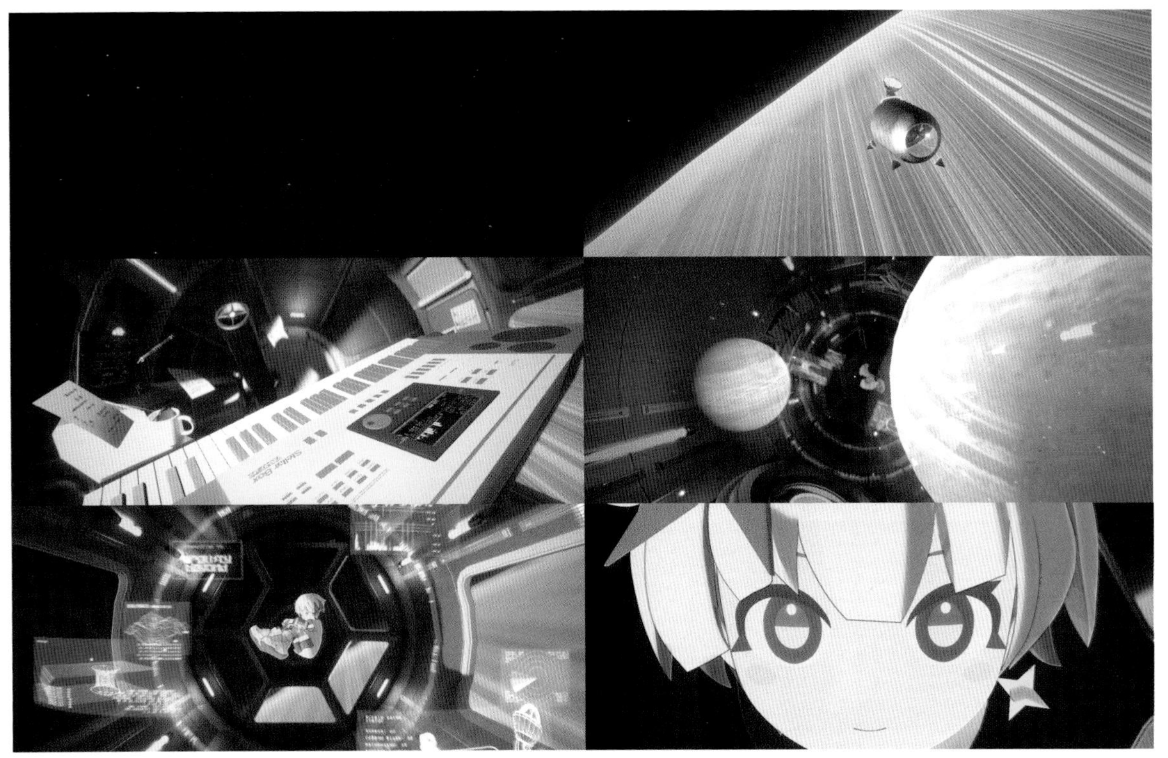

PV - Reconnect to METRO MEW (©GBXD, Eallin Japan | 2023)
Director: Sorao Sakimura, CGI: Sorao Sakimura, Yasunari Kawachi, Music: METRO MEW, Producer: Qtaro, Production: GBXD, Eallin Japan

Short Film - 'Round Midnight (©Sorao Sakimura | 2021) Director: Sorao Sakimura

030/100

小川 泉　Izumi Ogawa

CATEGORY/ Animation, Short Film, MV, Web, Advertising Movie, Corporate VP

E-MAIL/ info@ogawaizumi.com
URL/ ogawaizumi.com

1986年生まれ。大阪芸術大学映像学科卒業。2005年より大阪在住。映画撮影所、ストップモーションアニメスタジオで主に映像編集として勤務した後に独立。個人でのアニメーション制作を本格的に開始し、2021年制作「山火事」が国内外の映画祭に選出される。ロトスコープを軸としたアニメーション制作を中心に、映像編集・モーショングラフィックスも手掛けるほか、ワークショップ講師、上映企画、フィルム映写、サイレント映画のデジタル化など、活動は多岐にわたる。

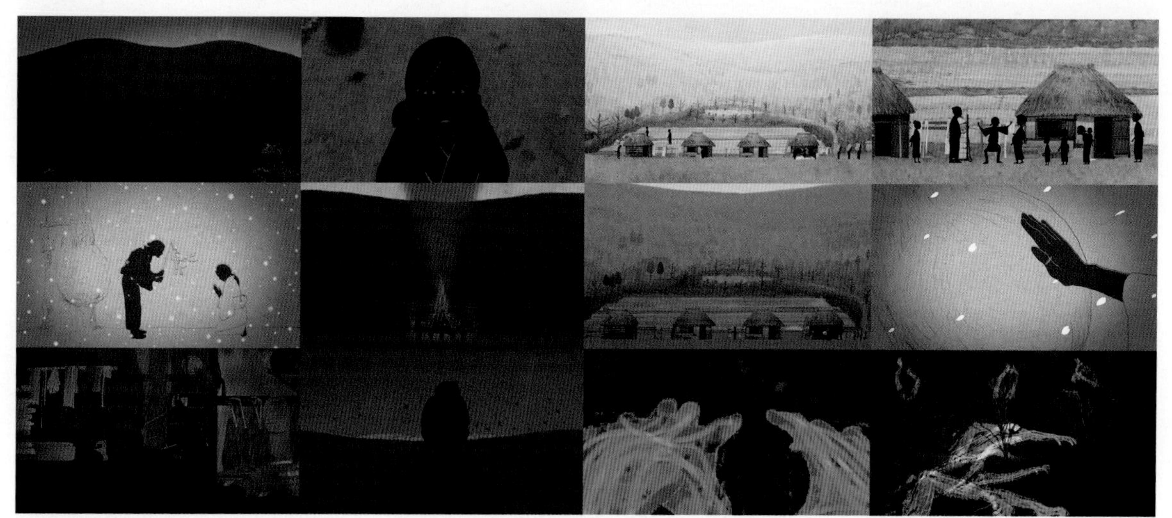

Animation -「山火事」(2021) Animation / Direction: 小川 泉

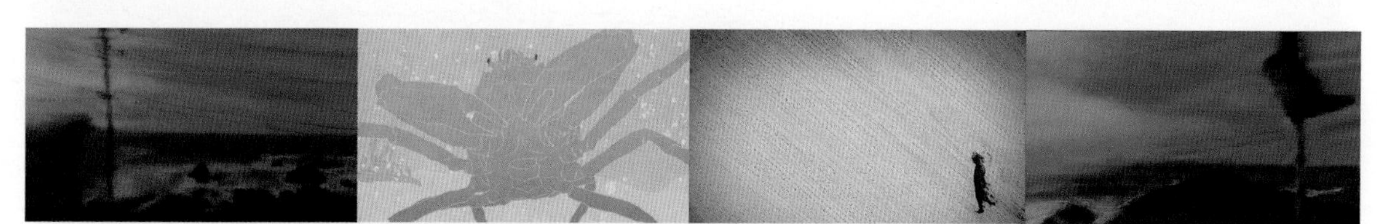

Animation - 10秒アニメーション「日本海」「かに」「雨」(2020) Animation / Direction: 小川 泉

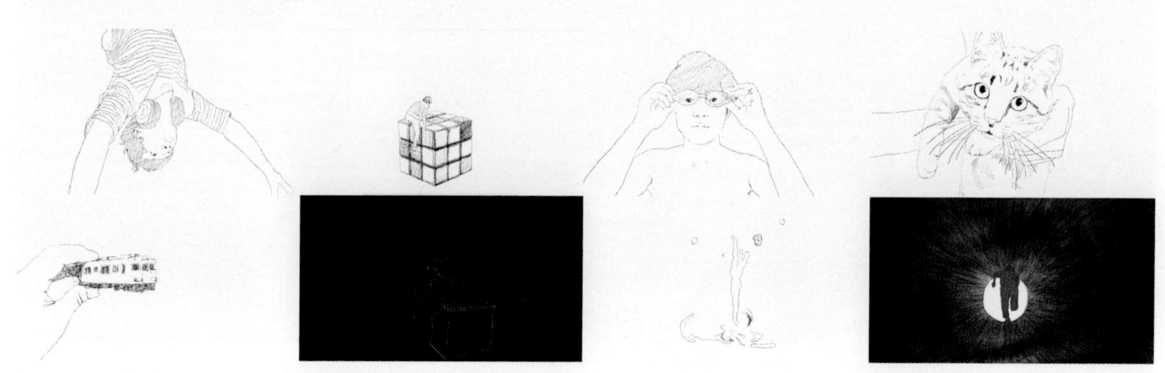

MV, Animation -「夢路／片足ズボン」(2014) Animation / Direction: 小川 泉

031/100

勝見拓矢　Takuya Katsumi

CATEGORY/ MV, CM, Web

BELONG TO/ THINKR inc.
URL/ www.katsumi.me

デザイン事務所勤務を経て2013年独立。2017年クリエイティブスタジオFIXION設立。2020年クリエイティブカンパニーTHINKR所属。グラフィックを主軸に映像ディレクター・アートディレクターとして幅広く活動中。

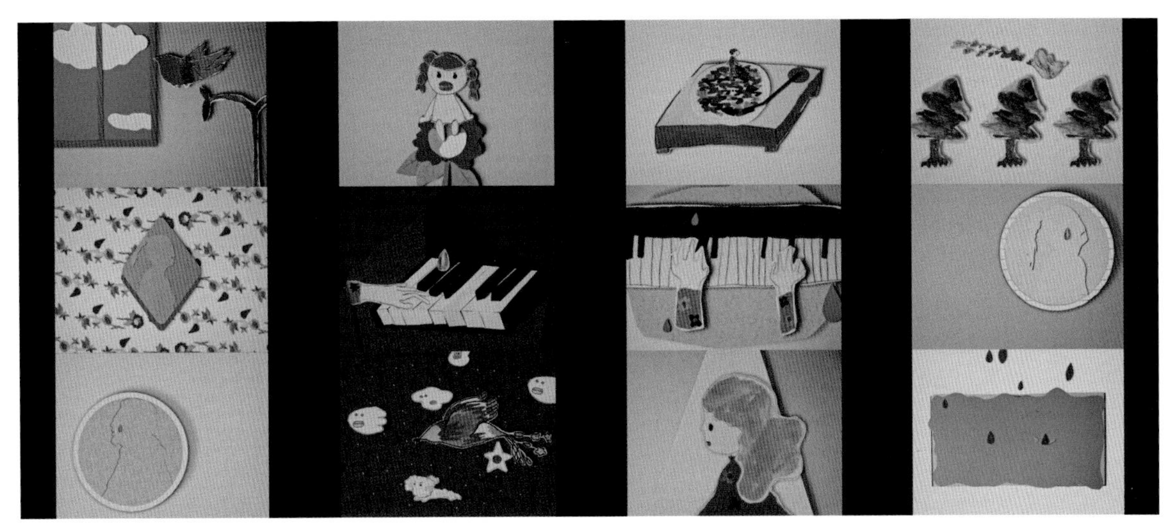

MV - Chara × 荒田 洸「愛する時」(2019) Director / Editor / Designer: Takuya Katsumi, Illustrator: SUMIRE, Production: FIXION

MV - ヨルシカ「春ひさぎ」(2020)
Director / Editor / Designer: Takuya Katsumi, Animator: nelku, 國場 凜, サステナブル水産, Takuya Katsumi, Camera: Tatsuya Kawasaki, Dancer: Kazuho Monster, Producer: 加藤 諒, Product Manager: 沼田 瑞希, Production: THINKR

032/100

吉岡美樹　Miki Yoshioka

CATEGORY/ MV, Web CM

E-MAIL/ ikimakoisoy@gmail.com
URL/ mikiyoshioka.com,
www.instagram.com/oomikidayoo

1996年生まれ、東京都出身。キッチュな映像、GIFアニメーションを制作。 主にアーティストのMVやアートディレクション、ファッションブランドのGIFアニメーションでの演出を手掛ける。

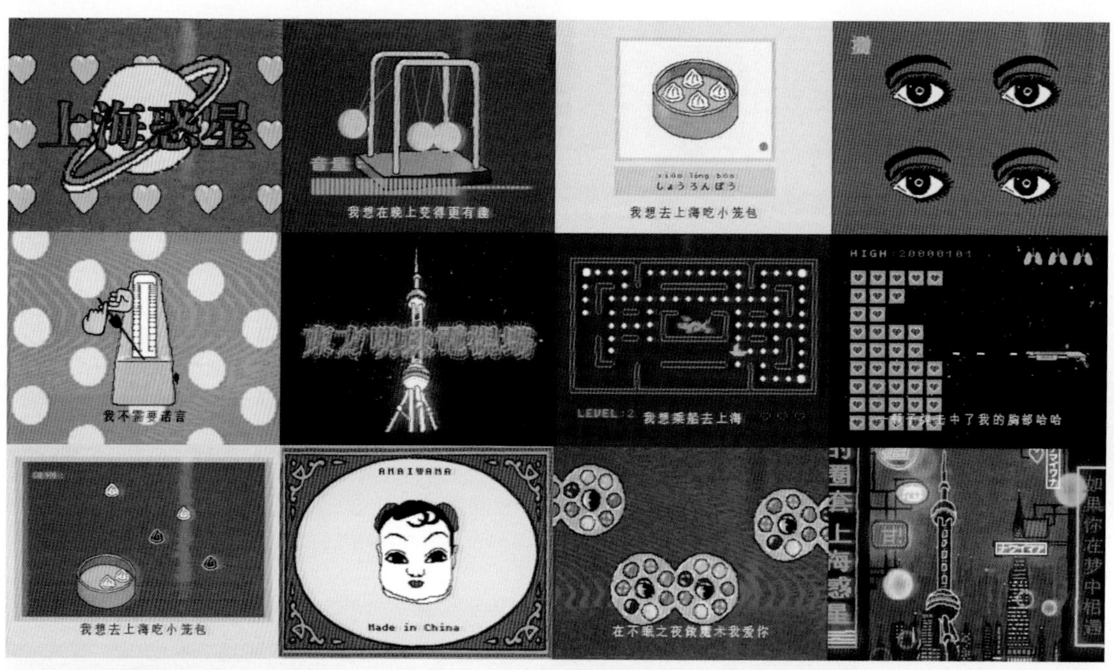

MV - アマイワナ「上海惑星」(2020) Director / Animation: Miki Yoshioka (2020)

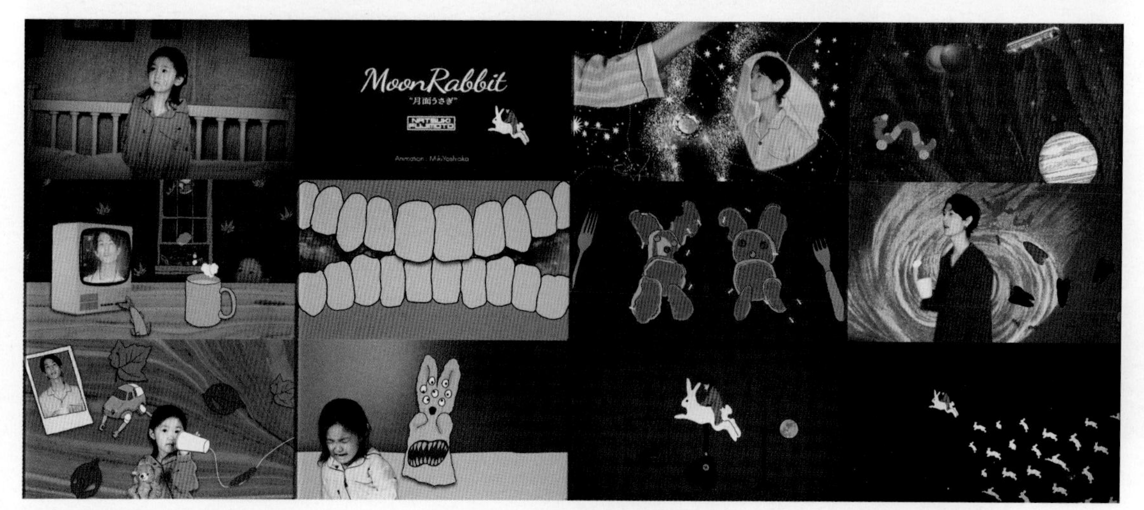

MV - 藤本夏樹「月面うさぎ」(2022) Director / Animation: Miki Yoshioka, Starring: Natsuki Fujimoto, Kiki, Photographer: Goku Noguchi, Logo Design: IDeeez

033/100

トモキ　Tomoki

CATEGORY/ Animation, Motion Graphics, MV, CM, Documentary

E-MAIL/ tomoki.shing@gmail.com
URL/ instagram.com/_tomoki_s

神奈川県相模原市出身。有機的な線が特徴のアニメーション作家。特有の質感を持つ作風は、国内外のビートメイカー・作曲家から多くの共感を得る。MV、CM、ドキュメンタリー作品では主に懐かしさを描くパートを担当しており、アナログな手法を用いて叙情的なグルーヴを生み出す試みを続けている。近年は自主的な制作を軸に、国外のアーティストとのコラボレーションを多数展開している。モーションとエモーションの境界を探る二児の父。

Animation -「DrawingWife」(2020) Animation: Tomoki

MV - Mad Keys「Press Start」(2022)

034/100

下嶋やゆん　Yayun Shimojima

CATEGORY/ Animation

E-MAIL/ yayunmn@gmail.com
URL/ wonderer-zzz.tumblr.com

Una Seradi' Onemu ha（ウナセラディ' おねむ派）。早生まれ。長野県出身。アニメーション、イラスト、音楽など形態は定めず様々な方法を用いて表現する。2022年、水野健一郎による「マイファイ絵画実験室」の3回にわたる展示に受講生として参加。同年にzine『ナイトキャップ』に収録されている「night cap」（作詞作曲tamao ninomiya、編曲Hirofusa Watanabe）でボーカルを務めた。また、音楽レーベル〈慕情tracks〉関連のアートワークにも携わっている。

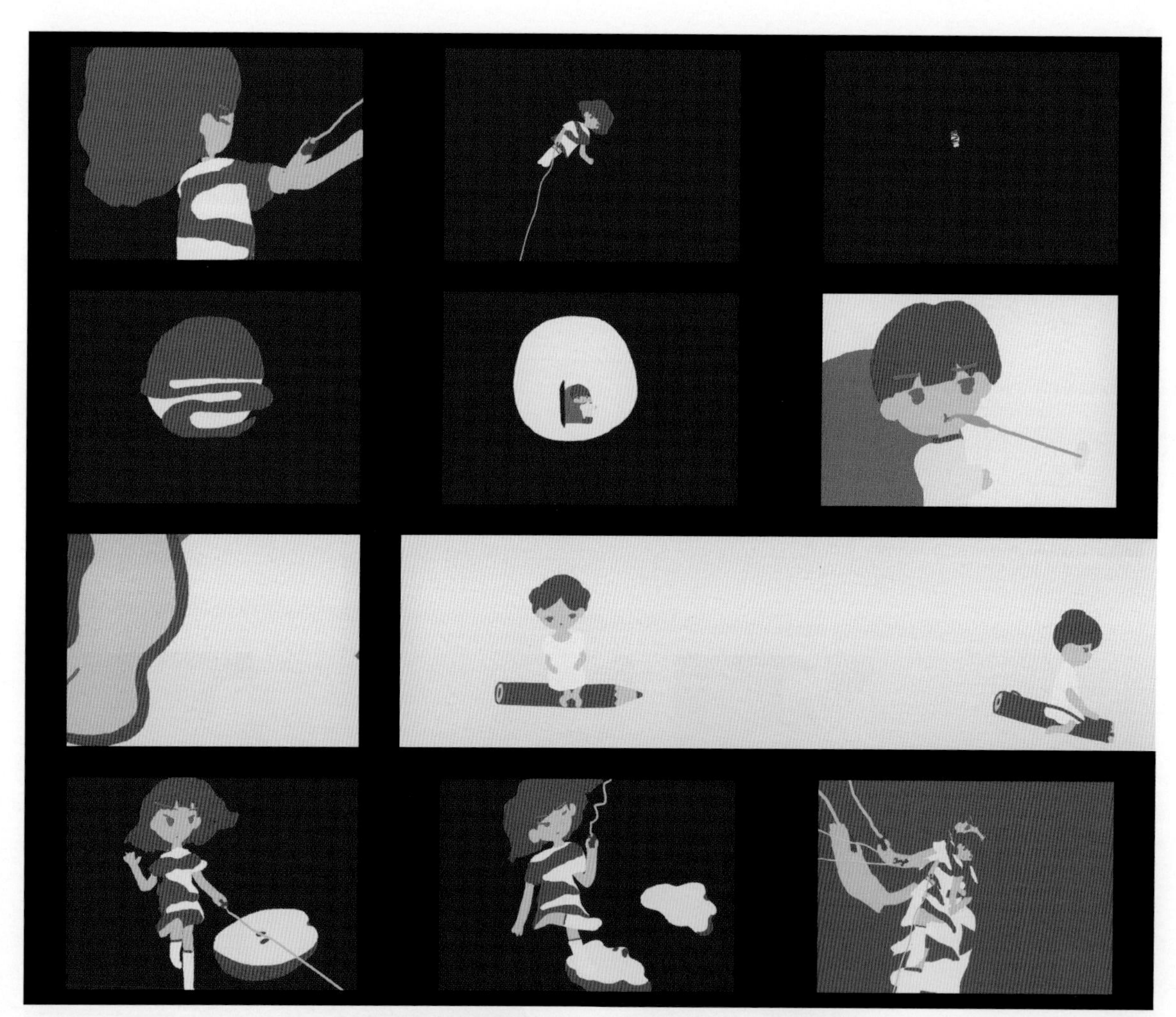

Animation -「fighting and peeling」(2022) Animation: 下嶋やゆん, Music: apans

035/100

MARU AKARI

CATEGORY/ Animation, Illustration, MV, CM

E-MAIL/ akari4443@gmail.com
URL/ twitter.com/ara_itao

1999年生まれ。イラスト／アニメーション作家。現在、東京藝術大学大学院映像研究科に所属。心の揺らぎ、葛藤、孤独をテーマに制作を行う。描くキャラクターは女の子が多い。フワフワしながらヒリヒリする作品作りを目指している。

Short Movie -「#_hashtag underbar」(MARU AKARI/Musashino Art university | 2022)

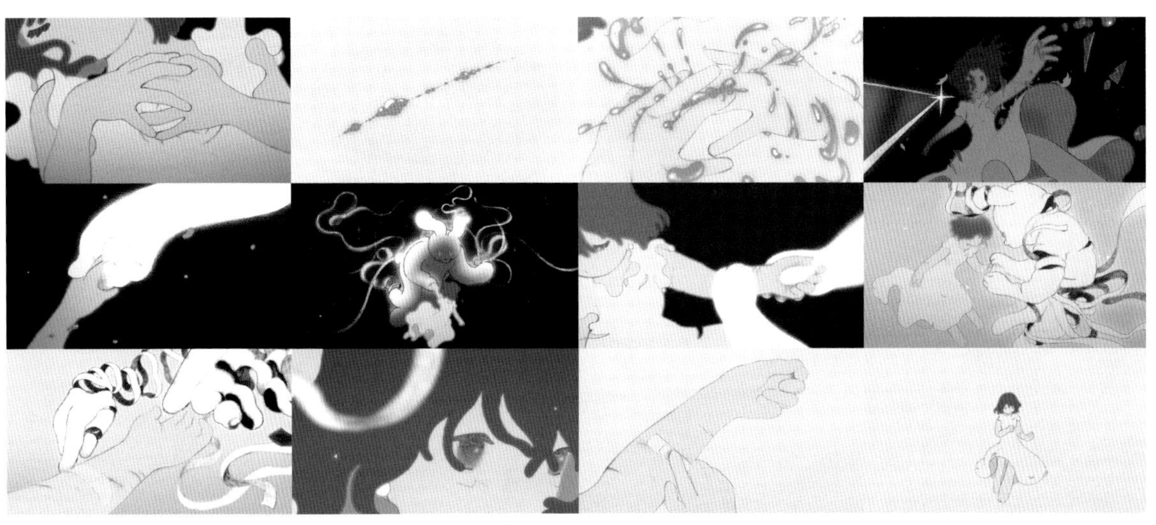

Short Movie -「sign」(MARU AKARI/Tokyo University of the Arts | 2023)

036/100

河野成大　Narihiro Kawano

CATEGORY/ Short Movie, MV, TV, Web, Illustration

E-MAIL/ narihirokawano.work@gmail.com
URL/ twitter.com/narihiro_kawano

1994年山口県生まれ。九州産業大学芸術学部デザイン学科映像アニメーション領域卒業。Web運用会社に勤務する傍らアニメーション制作を行い、現在フリーランスのアニメーション作家／イラストレーターとして活動中。柔らかい色彩と、自然の有機的な動きから着想を得た映像表現を行う。ショートアニメやループアニメ作品の制作活動のほか、MV、TV、Webコンテンツなどのアニメーション制作を手掛ける。

MV - 竹内ゆえ「民夫君」(2021) Director, Animator: Narihiro Kawano

Short Movie - 「OBSCURE MEALS」(2016) Director, Animator: Narihiro Kawano

037/100

奥田昌輝　Masaki Okuda

CATEGORY/ Animation, Illustration

E-MAIL/ info@masakiokuda.com
URL/ masakiokuda.com

アニメーション作家／イラストレーター。1985年横浜市生まれ。2009年多摩美術大学グラフィックデザイン学科卒業、2011年東京藝術大学大学院映像研究科アニメーション専攻修士課程修了。大学院修了後、フリーランスのアニメーション作家／イラストレーターとして活動を始める。広告映像、MV、舞台演出映像、TV番組のタイトルバックやOP映像、教育番組、子ども向けのアニメーションなどのディレクションや制作を行う。

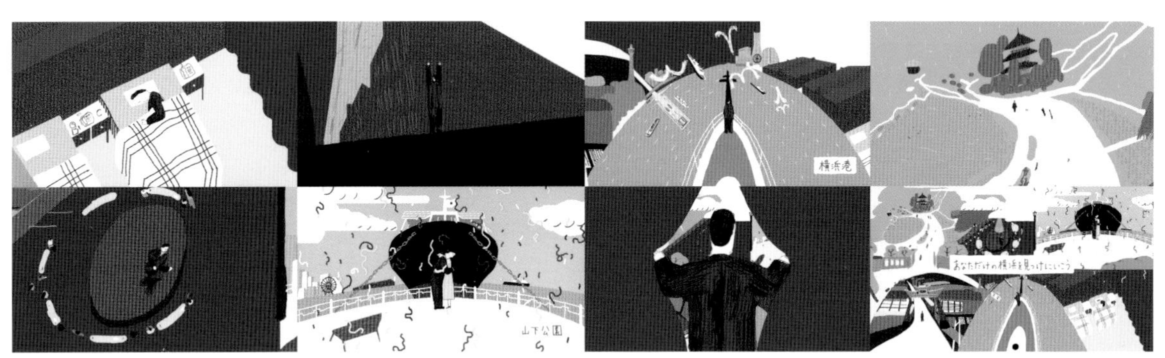

Advertisement, Animation - 横浜市プロモーションCM「あうたびに、あたらしい」(©HAG/Masaki Okuda | 2015)

TV, Animation - テレビ東京 シナぷしゅ「みなみのしまのあそびうた」(©TV TOKYO Corporation | 2021)

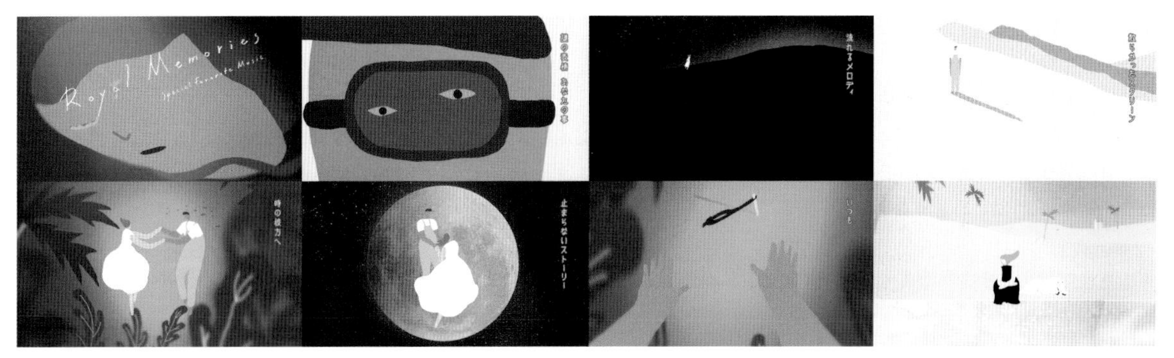

MV, Animation - Special Favorite Music「Royal Memories」(© P-VINE, Inc. | 2017)

3DCG

038/100

INTERVIEW WITH

Senpookyaku Hoshiko

星子旋風脚

CATEGORY/ CM, TV Program, Web, Short Movie, Animated Series, Visual Essay

TVアニメ『SNSポリス』で知られ、YouTube番組『Dr.プッツンコのたのしいCGラボ』ではBlenderを使った3DCG制作のチュートリアルなどを発信しているモーションデザイナー・星子旋風脚。米国で過ごした幼少期にコメディアニメーションに魅了され、一貫して笑いにこだわり続けてきた星子に、3DCGを主軸とした背景や、笑いと映像の関係性を訊く。

——映像を仕事にしようと思った経緯を教えてください。

子どもの頃から映像を観るのが好きだったのですが、大学も映像とは関係なかったですし、30歳くらいまでは会社員をする傍ら、有志を集めたアニメーション制作ユニットで独学で映像制作を続けていました。その後、やはり映像制作を仕事にしたいという気持ちが強くなり、副業での受注制作を経て2015年あたりに独立しました。

ただ、そもそもの動機としてはコメディが好きで、コメディを仕事にしたいという思いのほうが強くて。先述のアニメーション制作ユニット「東京リトルバン」で大量のギャグアニメを作ったり、下北沢や経堂を拠点にコメディのイベントを開催したりという活動もしていました。

—— 過去には「コメディによって社会問題を解決したい」とプロフィールに記載していたこともありました。

青臭くて恥ずかしいですが(笑)。9歳でアメリカから日本に来たときに、文化的なギャップを感じたことが原点にあると思います。日本には良い面もあるけど、もっと柔軟に、肩の力を抜く部分があってもいいんじゃないかと子どもながらに感じて。どうすれば世の中が変わるかを考えていた意識の高い10代でしたね。20代の頃もずっとそういう考えはあって、あるときコメディライターの須田泰成さんに「コメディの力で社会を変えたい」というような連絡をしたんです。

須田さんは最初困惑されたようなんですけど、下北沢の役者さんや芸人さんを紹介いただいたりと仲良くさせてもらって、先述のコメディイベントの活動などに繋がっていきました。須田さんやその周辺の人たちと交流するなかで、コメディと社会問題というテーマが自分の中でより強くなっていったように思います。独立後は社会問題を直接的に扱う仕事はしてはいませんが、何かを表現したいという原点にはなっています。

——これまでに影響を受けた映像作品はありますか?

幼少期はアメリカのカートゥーン作品が好きでよく観ていましたが、30代に入ってから観た作品のほうが影響は大きいです。例えば『おかしなガムボール』というアニメイテッドシットコムと呼ばれるジャンルの作品には、会話だけでなくミスリードを誘う効果音やカメラワークなど、映像ならではのジョークがたくさんあって。映像表現としても3DCG、コマ撮り、モーショングラフィックス、実写までなんでもごちゃまぜで大好きですね。そのほか、実写では特に映画監督のエドガー・ライトの作風が好きで、画面を楽しくするための演出の工夫を余すところなく散りばめる姿勢に影響を受けています。

——最初は3DCGの制作からスタートしたのですか?

いえ、映像制作を始めた2008年頃は得られる情報もまだ少なく、Illustratorで描いたものをPremiereに取り込み、キーフレームを打つというものすごく効率の悪いこともしていました。3DCGは大学時代に少し勉強していたというのに加えて、アニメ『ポプテピピック』の監督をされた青木純さんにきっかけをいただいたところがあります。青木さんが参加されていた座談会を聞きに行ったときに、これからは2Dと3Dの両方できたほうがいいという話をされていて、その発言の影響をもろに受けました。

2Dと3Dは対立項ではなく、3Dに2Dを入れ込むような関係

BELONG TO/ 合同会社メリーメン
E-MAIL/ hoshiko@merrymeninc.com
URL/ merrymeninc.com

アメリカ合衆国生まれ、慶應義塾大学総合政策学部卒。日英バイリンガル。モーションデザイナーとしてCMや解説映像のディレクションと制作を行い、2018年TVアニメ「SNSポリス」でアニメーション監督・脚本家デビュー。欧米のモーションデザイン文化やカートゥーンに影響を受け、3DCGを主軸に様々な新技術や演出手法を取り入れ、ポップでユーモラスなストーリーテリングを得意とする。2021年Merry Men Inc.設立。

で捉えることができます。3Dには入れ物のような魅力があって、何でもミックスしようと思えばできてしまう。『おかしなガムボール』もまさに、そうした組み合わせをうまく活かした作品です。カメラの位置によって効果的な構図が生まれたり、照明の使い方で演習効果を出せるなど、3Dの柔軟性には魅力を感じますね。

——初期はどのような作品を作っていたんですか？

先述のユニット「東京リトルバン」として映像作品を作っていました。今観ると拙い部分が目立ちますが、例えば『ストレス怪獣 シャンディガフ』というシリーズ作品では、2Dの人間による紙芝居的なシーンと、3DCGで作った怪獣のシーンを織り交ぜています。特撮で見られる「等身大の人間のシーンと怪獣を大きく見せるシーンを、それぞれのスケール感で同居させる」という手法をアニメで表現してみたんです。とてもゆるい作品なのですが、この作品を観たプロデューサーの方をご紹介いただき、『SNSポリス』のTVアニメを作ることになりました。

——初期の頃からコメディの軸があるんですね。

コメディ表現の手段として映像を選んだ面がありますね。もともと、日本と英語圏のコメディに対する感覚のズレに興味がありました。例えば英語圏のコメディはツッコミという概念があまりなくて、その分テンポよくリッチにギャグが詰め込まれていることが多いです。ただ、それがどう面白いのかわざわざ説明しないので、日本では伝わりづらいのかもしれません。

——観る側にも知識が必要だったりします。

そうなんですよね。その一方で、日本のコメディは食べやすく調理されていて、分かりやすく楽しみやすい。どちらが良い悪いはないのですが、私は（日本にも）もっといろんな形のコメディがあっていいのかな、と思います。演出の面白さを前面に押し出したり、シチュエーションを突き詰めたコメディなど、この先チャレンジしていきたい企画がいくつかあります。

——何が面白いかを考えるセンスはどのように培われたと思いますか？

あくまで主観的な自己分析なんですが、親が真面目なタイプで、私もこっちに来てからは「日本の社会に馴染まないと」とか「勉強をしっかりしなきゃ」とずっと思っていました。ある意味で自分を抑圧してきたところがあって、そうした蓄積がギャグ脳に繋がっているのかもしれません。普段は表に出さないけれど、空想にふけったり、逸脱した思考が常に広がり続けている感覚があります。

子どものころは、面白い人は普段の生活も破天荒で非常識な人、というイメージがありました。でも、下北沢や経堂を中心に20代の頃に出会った面白い方々や、今でも憧れる偉大なコメディアン、映像作家、脚本家たちのほとんどが普段は穏やかな常識人で、どちらかというと真面目なんですよね。それもあって、コツコツと普段から真面目にロジックを積み重ねていくことで、本当に面白いものが作れるはずだという信念があります。

——最後に、映像の可能性についての考えを教えてください。

今は映像表現のハードルがどんどん下がってきているので、一人ひとりの世界観をより出力しやすく、流通もしやすくなったと思います。たくさんの表現が広まることで、社会全体のエンパシーが高まってほしいと期待しています。

——シンパシーではなく、エンパシーですね。

よく混同されますよね。この言葉のニュアンスは難しいのですが、同情や共感よりももう少しドライなイメージです。自分と他者の適切な距離感を保ちつつも、他者の考え方を尊重し、理解する姿勢というか。他者の考えをより理解できるようになれば、社会はよりよくなるのかなと思います。今はそれが一番の燃料になっていますね。

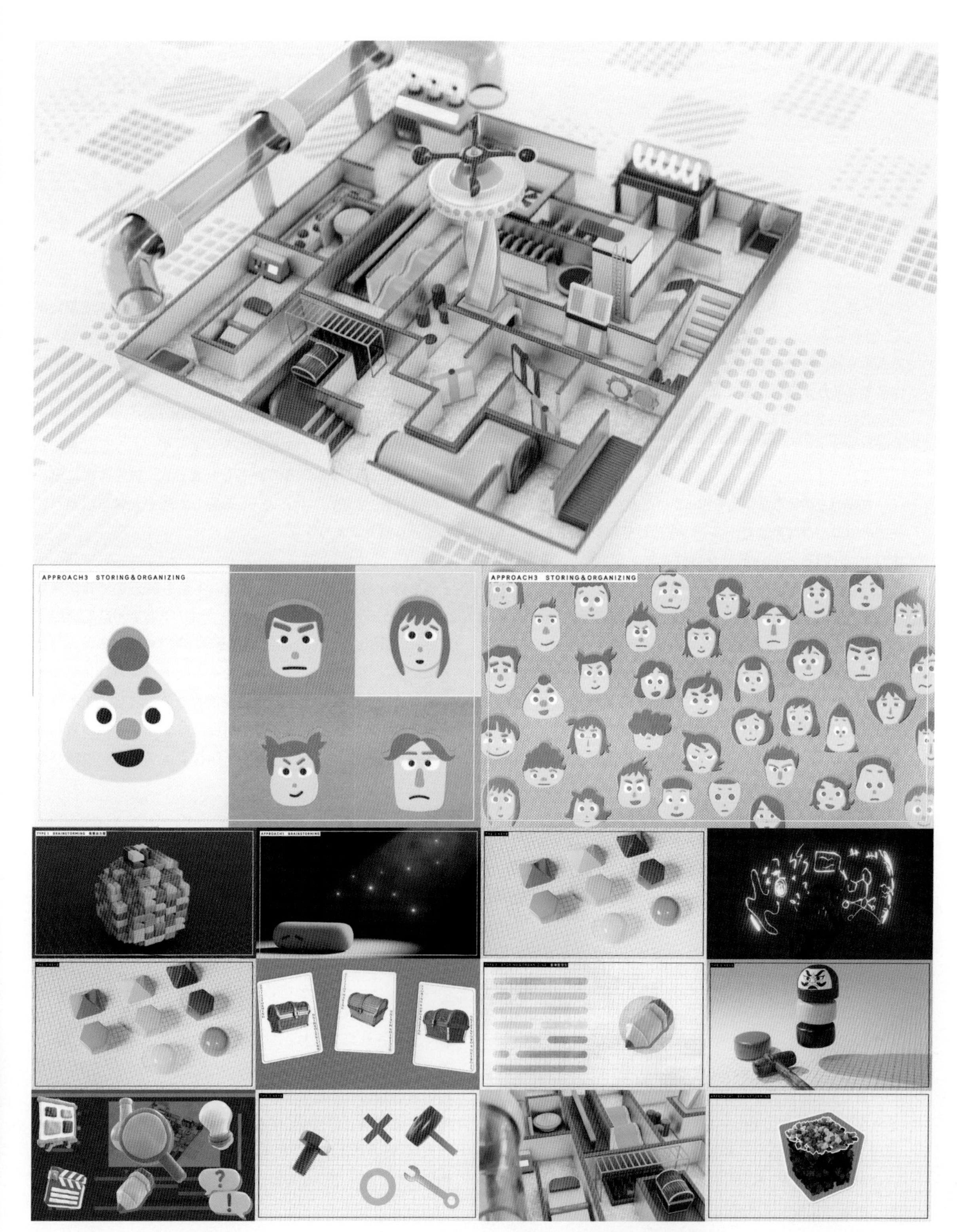

Branding Movie / Video Essay - MindMeister『大事なことをちゃんと大事にするための「マインドマップ思考術」』(2022) Director: 星子 旋風脚

Branding Movie - 株式会社松川レピヤン「フワッペン イメージムービー」(2022) Director: 星子 旋風脚, 2D Character Design: 引野裕詞(uramabuta), Music: スキャット後藤

039/100

田村鞠果　Marika Tamura

CATEGORY/ Feature Animation, Animated Shorts

BELONG TO/ Laika, LLC.
URL/ marikart.net

1998年生まれ。コンセプトアーティスト／クリエイター。米国Ringling College of Art and Design在学中に個人制作した短編「Final Deathtination」は米学生アカデミー賞アニメーション部門にノミネートされたほか、国内外70以上の映画祭にて受賞、上映。卒業後はコンセプトアーティストとしてスタジオLAIKA長編「Wildwood」や、Disney Juniorのシリーズ、米ディズニーパークのデジタルツール制作などに参加。

Short Animation -「Final Deathtination」(©Marika Tamura | 2021) Director / Creator: Marika Tamura

Concept Art - Various Works (©Marika Tamura | 2021) Creator: Marika Tamura

040/100

なかがわ まりな
Marina Nakagawa

CATEGORY/ Motion Design, CG Design, MV, Social Content, CM

E-MAIL/ hi@marinanakagawa.com
URL/ marinanakagawa.com

ロンドンをベースに活動するモーションデザイナー／3Dアーティスト。日本のTVCM制作会社、クリエイティブエージェンシーでの勤務を経て2016年に渡英。ロンドンのスタジオでの経験を積んだ後、2019年にフリーランスとして独立。現在はイギリス、アメリカ、日本のクライアントをメインに広告、TVドラマシリーズ、映画まで幅広く仕事をしつつ、キャラクターアニメーションをメインに自主制作を行っている。

Short Animation -「Hatched」(2023) Planning / Production: Marina Nakagawa, Music: mutantjukebox

Showreel -「Marina Nakagawa Reel 2023」(2023) Design, Animation: Marina Nakagawa

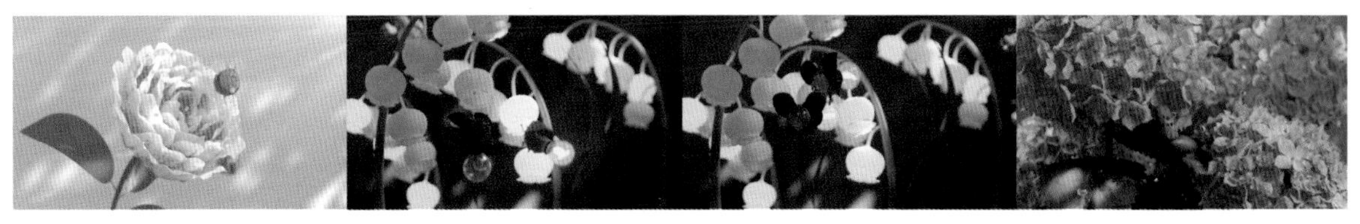

NFT -「Unseen Garden」(2022) Planning / Production: Marina Nakagawa, Sound Effect: SAVETHESOUND

041/100

中村都麦　Tsumugi

CATEGORY/ MV, PV, VR, 3DCG, Original

E-MAIL/ tsumugi.movie@gmail.com
URL/ twitter.com/Tsumugi_Artwork

2004年生まれ、東京在住の映像クリエイター。コロナの影響で自粛生活となってしまった高校入学前に始めたBlenderがきっかけで3DCG作品を作り始めた。WurtS「SWAM」などアーティストのMVにVFXとして参加し、精力的に活動している。2022年には渋谷・名古屋で開催された「昭和百年展」で自主制作の怪獣映画を展示した。最近ではスチームパンクをはじめ、ファンタジーな世界観の作品にも挑戦している。

MV -「優しい人」(2022) Music: KENGO, Director: Tsumugi

MV -「青年CHICKEN」(2022) Music: iwaty, Director: Tsumugi

042/100

Motionist

CATEGORY/ 3DCG, Short Movie, CM, Web, MV, Artwork, Motion Graphics

E-MAIL/ motionist.info@gmail.com
URL/ www.instagram.com/motionist_ae,
twitter.com/motionist_ae

東京の映像作家／建築家／デザイナー。一級建築士。国内設計事務所にて建築及びインテリアの設計デザインに従事していた経験があり、国内・海外での実績、受賞歴、メディア掲載多数。独立後は建築やインテリアのみならず、映像やグラフィックなどデザイン領域を拡大し、現在は3DCGにおけるフォトリアルでアンリアルな表現を追求する映像作家としても活動中。UNIQLOや資生堂、PowerX、CGWORLDなど、3DCGの映像制作に参画。実績はすべてフルCG。

Artwork for CGWORLD -「Permanature」(2022)

Artwork -「Crystal Rabbit」(2022)
Created by modifying "Rabbit Rigged"
©FourthGreen (Licensed under CC BY 4.0)

Brand Movie -「PowerX」(2022)

Station ID -「CGWORLD」(2022)

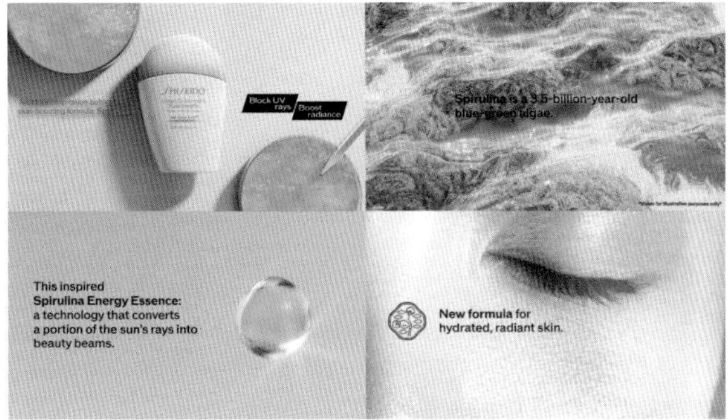

Web Movie -「SHISEIDO Spirulina」(2022)

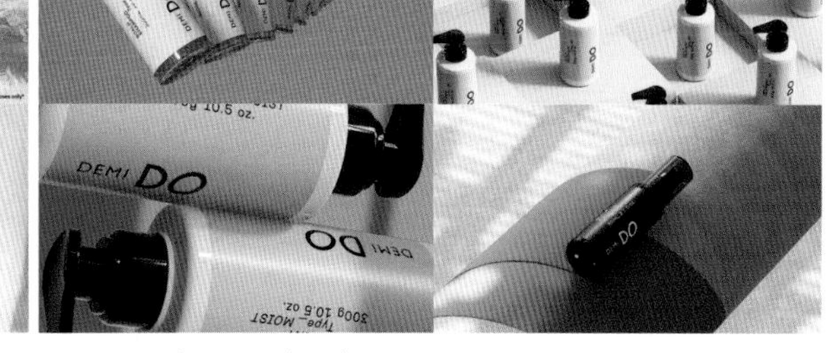

Brand Movie -「DEMI DO」(2023)

043/100

麻田 弦　Gen Asada

CATEGORY/ MV, VJ, Web CM, Digital Signage

E-MAIL/genasada@gmail.com
URL/ gen-asada.wixsite.com/bricolages

1975年生まれ。京都大学総合人間学部卒業。大学在学中にクラブVJを経てMVディレクターに。その後、Web CMやデジタルサイネージなどの広告映像を手掛ける。2021年オタワ国際アニメーション映画祭・特集プログラム"New Tool Who Dis? Tactility in the Digital Age"に選出、Prague Music Video Award（プラハ）にてBest Asian Music Video賞受賞。

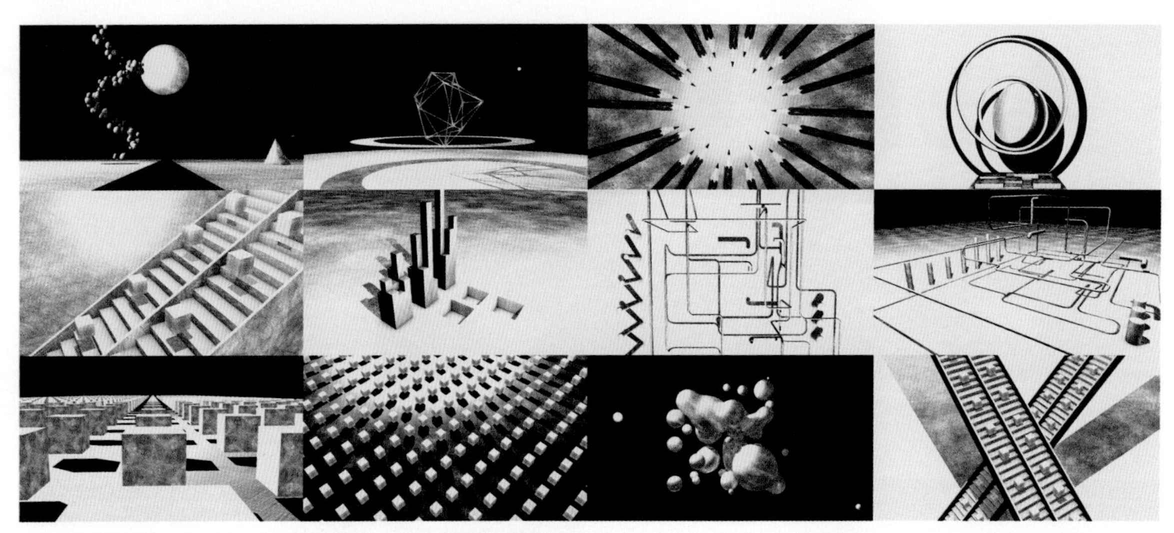

MV - キツネの嫁入り「dodone」（© キツネの嫁入り ｜ 2021）Animator / Director: 麻田 弦

MV - 荒井岳史「シャッフルデイズ」（©Happinet Music ｜ 2014）Director: 麻田 弦

044/100

高橋 悠　Yu Takahashi

CATEGORY/ MV, CM, Short Movie

BELONG TO/ 株式会社ヴィルト
E-MAIL/ yu@vilt.jp
URL/ www.vilt.jp

2013年よりフリーランスのWebデザイナーとして活動。2015年より法人化。同時に実写での映像制作を開始する。2021年コロナ禍で撮影がストップしたことをきっかけにCG制作を開始。Blenderを使用した自主制作CG作品「昭和124年」を制作しSNSを中心に発表、予告編は100万再生を記録。現在は「昭和124年」の短編映像制作を続けながらCM・MVなどのCG制作をメインにディレクターとして活動。

CG Animation -「昭和124年」予告編(2021) Director: Yu Takahashi, Music: soejima takuma, SpecialThanks: Takahiko Watanabe

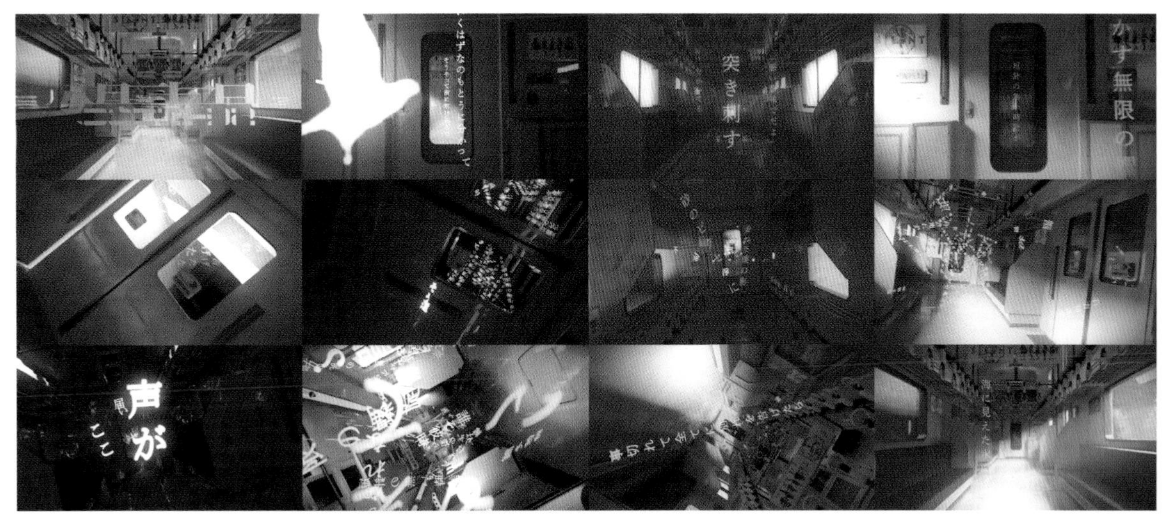

MV - 十五少女(15 Voices)「八月三十二日」(©子供都市構想 | 2022)
Director: Yu Takahashi, Music / Lyrics: maximum10, Character Design: ケイゴイノウエ, Logo Design: ゆうたONE

045/100

YUKARI

CATEGORY/ MV, 3DCG, Art Work, Animation, Advertisement

BELONG TO/ OFBYFOR TOKYO
E-MAIL/ contact@obf.tokyo
URL/ www.obf.tokyo/artist-yukari

幼少期を中国・上海で過ごした後、留学のため来日。クリエイティブコレクティブOFBYFOR TOKYOに参画し、映像監督・ビジュアルディレクション業務を開始。現在は、アートディレクター・映像監督・ビジュアルアーティストとして幅広く活動。DIESELやH&Mなどのキャンペーンムービーや、乃木坂46「Actually...」の宣伝写真・ジャケット制作、Saucy Dog「紫苑」・幾田りら(YOASOBI)「蒲公英」といったMVを手掛けている。

MV, Art Direction - 幾田りら(YOASOBI)「蒲公英」(2023) Director: YUKARI (OBF TOKYO), Cast: Kuniko Terui, Choreographer / Dancer: Rina Mizumura, Dancer: Megu, Luca Kamiya, Kota Mifune, Cinematographer: Toshiki Matsumura(OBF TOKYO), Focus Puller: Tomoya Kaga, Camera Assistant: Makusu Nishiyama, Lighting Director: Hitoshi Sato, 1st Lighting Assistant: Kazuki Miyasita, 2nd Lighting Assistant: Yusuke Nakada, Takahiro Ida, Art Department: Yusuke Daimon, 1st Art Department: Miho Suzuki, 2nd Art Department: Miryoku Kosaka, Title Design: Sae Osawa, Stylist: Mayu Suzuki, Stylist Assistant: Riho Saito, Hair & Make: Youca, Hair & Make Assistant: Yukiho Shirota, Ren Nagamine, Hair&Make(Cast): Rina Taniguchi, Hair & Make Assistant(Cast): Yuina Fujimoto, Production Manager: Hiroto Takahashi (OBF TOKYO), Production Assistant: Sota Ogino, Ryusei Konishi, Casting: Kosuke Kuroyanagi, Retoucher: Takashi Fujimoto, Executive Producer: Masataka Kawaguchi (OBF TOKYO), Assistant Director: Jumpei Mori (OBF TOKYO), Producer: Yuho Ogura (OBF TOKYO), Producer Assistant: Kosuke Tanaka (OBF TOKYO), Production: OFBYFOR TOKYO

PV, 3DCG, Art Direction, Character Design, NFT - 「"PONROGO" BRAND MOVIE」(2022)
Producer: Masataka Kawaguchi (OBF TOKYO), Director / 3DCG: YUKARI (OBF TOKYO), Assistant Director: Jumpei Mori (OBF TOKYO), Production: OFBYFOR TOKYO

046/100

ひろつぐ　hirotsugu

CATEGORY/ MV, OP, PV, Live Work

TEL/ +81(0) 90 3892 1374
E-MAIL/ hirotsugu023@gmail.com
URL/ donbeumai.com

1996年福島県生まれ、北海道札幌市育ち。東京工科大学卒業。モーションググラフィックス、イラストやデザイン、アニメーション、3DCG、デジタルアートなど様々な視覚表現に興味を持ち、映像制作を手掛ける。2021年から自主制作活動を中心にインターネットで作品を発表中。

Original -「moil」(2022) Planning / Movie: ひろつぐ, Music: yureno, Rigging Assistant: gsmbeats_03

Original -「白南風」(2021) Planning / Movie: ひろつぐ, Music: yureno

047/100

SUKOTA

CATEGORY/ MV, Web, Short Animation

E-MAIL/ info@sukota.cc
URL/ sukota.cc

1987年生まれ、東京都出身。日本大学藝術学部デザイン学科卒業後、デザイン会社数社を経てフリーランスに。グラフィックデザインを軸に活動しながらアーティストとしてキャラクターや映像、NFTアートを制作している。主な仕事に、Google、ユニバーサルミュージック、エイベックスなどの企業やアーティストへのキャラクターデザイン提供や映像制作など。

Opening Movie -「WI'P Opening Movie」(©AVEX ENTERTAINMENT INC. | 2023) Director / Character Design: SUKOTA

MV - ぜったくん「レンタカー」Lyric Video (©UNIVERSAL MUSIC LLC | 2022)
Creative Director: Raita Nakamura (yoru), Character Design: SUKOTA, Title Design: Yuko Takayama (yenter), Producer: yoru

048/100

nim

CATEGORY/ MV, PV, Title Sequences

E-MAIL / contact@nim.design
URL / nim.design

2022年6月に設立。グラフィック、モーション、サウンドを総合的にデザインするクリエイティブスタジオ。多様なシーンで活躍するクリエイターが磨き上げてきた個性、若さがゆえの柔軟な発想、それを可能とする技術が掛け合わせられることで新たな個性が生まれる。「目に、耳に、心に新しいデザインを。」というコンセプトのもと、次世代エンターテインメントの最先端を切り拓いていく。

Title Sequences - 「2022 VCT Stage2 - Challengers JAPAN Playoff Finals Main Title」(©2023 Riot Games, Inc. Used With Permission. | 2022)

Title Sequences - 「Crazy Raccoon Cup Apex Legends Vol.10 Main Title」(©nim / SAMURAI KOBO CO., LTD. | 2023)

049/100

澤田哲志　Tetsushi Sawada

CATEGORY/ 3DCG, Motion Graphics, Character Animation, CM

BELONG TO/ 株式会社Neltz
E-MAIL/ contact@neltz.jp
URL/ neltz.jp

1991年生まれ。中央大学法学部中退後、独学でデザインを学び、Web・装丁を手掛けるフリーランスのグラフィックデザイナーとなる。2019年よりモーショングラフィックスや3Dアニメーション制作を始め、2022年12月に法人化。映像制作の工程すべて（ストーリー・コンセプト作成、デザイン、モデリング、アニメーションなど）を手掛けるジェネラリストとして幅広く活動している。CHILLOUT CREATIVE AWARD 2021審査員賞受賞。

Web CM -「CHILLOUT 製品紹介映像」(©Neltz | 2022) Director: Makoto Yanagida(I-NE), 3DCG: Tetsushi Sawada

Personal Project -「電車マナー養成講座」(©Neltz | 2022) Directors: Moeka Sawada, Tetsushi Sawada, 3DCG: Tetsushi Sawada

3DCG -「SLOW DOWN - CHILLOUT CREATIVE AWARD 2021」(©Neltz | 2021) Director: Tetsushi Sawada, 3DCG: Tetsushi Sawada

050/100

寺本 遥　Haruka Teramoto

CATEGORY/ Film, MV, CM, Photography, Text, Conceptual Art, Web

E-MAIL/ haruka.teramoto@gmail.com
URL/ shk.lu/h

1997年、滋賀県生まれ。京都市立芸術大学大学院修了。実写、2Dアニメーション、3DCG、フォトグラメトリによる映像のみならず、写真やテキストなどを用いた手法横断的な制作を行う。写真家の清水花菜とのユニット「toita」としても活動している。

Short Film -「夢応の鯉魚」(©Haruka Teramoto | 2023)

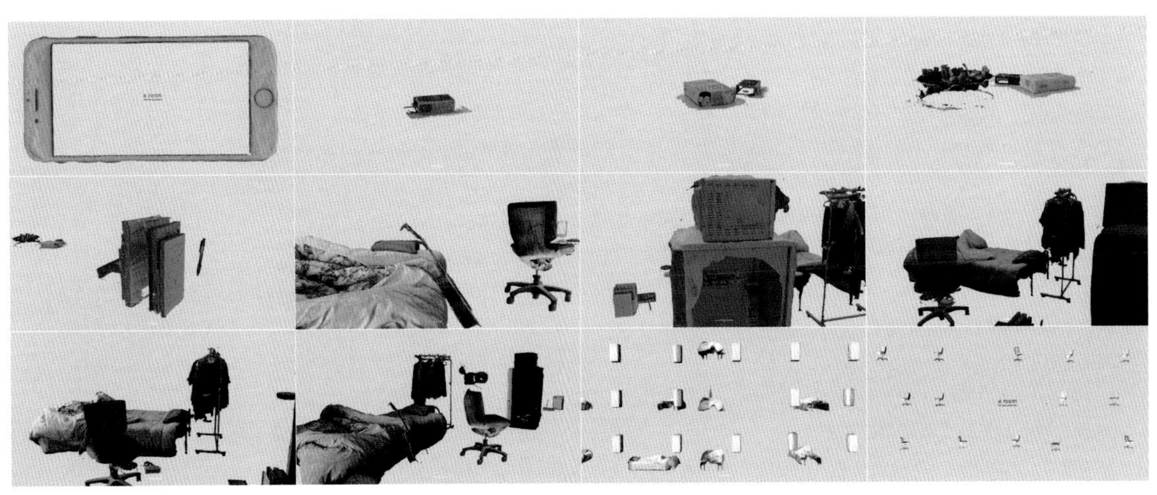

Short Film -「a room」(©Haruka Teramoto | 2022)

VR/AR/XR

051/100

INTERVIEW WITH

ReeeznD
レーズン

CATEGORY/ MV, VRMV, AR, XR Live

ミュージックビデオのディレクションを軸としながらも、モーショングラフィックスや映像演出、アートディレクション、3DCGやXRにいたるまで、多様な表現手法を持つアーティスト・レーズン。学生時代のコンピュータへの偏愛から始まったクリエイティブへの欲求は、メタバースやソーシャルVR、VRMVなどの最新領域にも今なお広がり続けている。インターネットとコーディングに魅了された映像作家に、これまでの歩みについて訊く。

——映像制作をはじめるまでの経緯を教えてください。

昔に遡って考えると、個人のWebサイトを作るところから創作がスタートしています。 Windows 95が発売され、インターネットが始まった頃ですね。ゲームやVFX、CGが好きで、コンピュータにも早い段階から興味を持っていました。最初から映像を作りたかったというよりは、とにかくコンピュータを触っていたいというのが根本にあると思います。

——インターネット黎明期にすでにWebサイトを作っていたんですね。

実家が北海道の網走市なんですが、市がネット回線を4本だけ無料提供してくれていたんです。高校生の頃は、毎晩そこで朝までインターネットをしていました。そのとき友達とチャットで遊んでいた流れでWebサイトも作ってみようとなり、コーディングを覚えました。Webサイトはイラストや文字、デザインなどすべてが渾然一体となったメディアで、何でもビジュアル化される。コーディング次第では破壊的な画面になったりするという、ある種の暴力性に面白さを感じていたんだと思います。

その後はゲーム会社に就職して、アートディレクターやゲームディレクターとして、約10年間で十数本のタイトルに関わりました。ただ、キャリアを積むにつれて自分で手を動かす機会が減り、現場から離れてしまって。この方向に進むのは嬉しくないなと、独立することにしたんです。

——映像作家として独立したのですか?

いえ、当初はイラストレーターとして活動しようと考えていたのですが、なかなかそれだけで収入を得るのは難しかったですね。どうしようかと悩んでいたとき、知り合いからモーショングラフィックスの制作依頼をいただいて。その仕事をきっかけに映像制作を始めて、そのまま今に至るという感じです。独立後しばらくはゲーム会社時代に培ったモーショングラフィックスの技術を軸にしていて、実写のスキルはあとから学びました。

——VRを扱うようになったきっかけは?

VTuberが世に出始めたころからハマってよく見ていたんですが、「ねこますさん」のような四天王と呼ばれるVTuberですら個人でも入手できる機器で作っていると聞いて、それならとすぐにVR機器を買って試してみたんです。やってみると、意外とすんなりできて。Unityを触ったのはそのときが初めてでしたね。Unityはプログラムを扱いやすいので、昔触ったWebサイトと同じように、映像にもコードの暴力性を持ち込めたりするなどの面白みを感じています。

——どのようなツールを使用していますか?

編集ではDaVinciを使っていますが、映像生成ツールとしてはUnityがメインです。最近作ったでんぱ組.incの「オーギュメンテッドおじいちゃん」というMVでは、Unity上にグリーンバックを抜いた実写のメンバーを並べていて、カメラワークも作っています。Unityを再生すればあのMVがほぼそのまま流れるんです。他に使うツールとしては、BlenderでCGモデリングを、Substance Painterではテクスチャーを作ったりもします。

——2022年にはVRでも作品を発表されましたが、その経緯を教えていただけますか。

VRに本格的にハマるきっかけになったのは、VRChat内にあ

E-MAIL / reezun.d@gmail.com
URL / linktr.ee/reeeznd

Music Video Director、XR Director、Computer Artist。北海道生まれ。ゲーム会社でのアートディレクター、ディレクター職を経てフリーランス。音楽＋CGIの領域を得意とし、実写MV、VtuberMV、VRで展開するMV、XRライブまで様々な作品形態の演出、ディレクション、実装を行う。プロジェクトによってテクニカルディレクション、モーションアクター、声優なども手掛ける。

るクラブ「GHOSTCLUB」です。GHOSTCLUBのスクリーンショットがすごく面白くて参加しようとしたのですが、どうやって行けばいいかが分からなくて。

それで少し離れている間に、VRのミュージックビデオがあったら面白いだろうなと思って「ELV.HALLOOO-ゆめのなか(illequal remix)-」という作品を作りました。実は、その時点でVRのミュージックビデオはたくさんあったんですけど、自分の無知からほぼ存在しないだろうと思ってアップしたんです。結果的には、それを見たVRChatの人たちが歓迎してくれて、彼らにVRChatの遊び方をいろいろ教えてもらいました。

——VRMVの作り手はまだまだ少ないと感じます。
そうですね。僕ももっとVRの映像作品が増えるといいなと思って、印象に残ったVRMVをまとめた記事を書いたり、VRMVに行けるハブワールドを作ってみたり、簡単にVRMVが作れるツールを配布したりと、いろいろとやってはいるのですが。

——コーディングの知識が必要というのがネックになるのでしょうか？
コードが書けなくても、CGのDCCツールで作ったものをUnityで再生すれば成立はします。ただ、専用のプログラムを組んで凝った演出をしている人たちが多くて、実際より敷居が高く見えているのは事実かなと。加えて、VRMVは誕生して間もないため、人によってイメージが異なるという点も大きい気がします。音楽とイマーシブ体験が共存しているという点は共通していますが、それ以外は全く違うジャンルの作品と言ってもいいぐらいバラバラなんですよね。そうした点も作り方がイメージしづらい一因かなと思います。

——自身の作家性が表れているのはどういう点にあると思いますか？
どのメディアだとしても、メディアそのものが持つ気持ちよさが重要だと考えています。ミュージックビデオにも、ミュージックビデオそのものが持っている快楽——映像と音のハマり具合やカメラワークなど——があるはずで、それらをできるだけ多くもたらすよう演出するのが自分のルールです。

そして、その快楽はVRMVやメタバースライブなど、メディアによって様々です。各メディアにおける快楽がどのように発生しているのかをリサーチし、どう演出にまとめていくか。そうした引き出しの多さが自分の作風に繋がっているように思います。かつて携わっていたゲームは毎回それをイチから作っていくメディアでしたが、その経験や考え方を他のメディアでも引き継いでいる感覚があります。

——幅広い視聴形態を扱いつつも、ミュージックビデオというジャンルへのこだわりを感じます。
僕がミュージックビデオを意識し始めた頃は、『DIRECTORS LABEL』シリーズの作家に代表される先鋭的な映像表現がたくさん出てきていて、ミュージックビデオは最新技術を使って作家性を表現できる媒体なんだ、と感じていました。数分間の尺は観る側にとっても気軽ですし、形態としての魅力があります。そしてなによりも、作っていて楽しく、性に合っていると感じますね。

——今注目しているシーンや技法などはありますか？
ボリュメトリックビデオを使ってみたいです。実写の人の動きに加えて、布の動いている様子までもすべて3Dの座標データにできるという技術で、モーションキャプチャーよりも生身の人間に近い動きが表現できます。

また、映像の快楽というところで言うと、やはりK-POPのミュージックビデオは圧倒的です。カメラワークなども面白い技術に挑戦しているようなので、このあたりも吸い上げて自分の表現に活かしていきたいと思っています。

VRMV - 「ELV.HALL 000 - ゆめのなか (illequal remix) -」 (2022)
VRMV:ReeeznD, Music: 「ゆめのなか - illequal Remix -」 サ柄直生, ねんね, remix: illequal, Sculpture Cygnet: くじ, Special thanks: Maltine Records

MV - 「オーギュメンテッドおじいちゃん」 (MEME TOKYO/DEARSTAGE inc. | 2022)
Director: ReeeznD, Producer: Kouko Okuyama (emma), Director of Photography: Takuma Terata (emma), Camera Assistant: Mizuki Ishii, Lighting Director: Isao Amano Hair and Make-up: Haruka Ito, Satomi Oba, Yu Kuroda, Augmented Grandfather Design and 3D Character Modeler: Cap, Live Action Footage Treatment: Yutaka Matsumoto, Online Editor: Kohei Nagatomo, MA: Yuuka Katsuki, Motion Capture Studio Manager: Ryunosuke Takahashi (ILCA,Inc) Motion Capture Studio Engineer: Tomoki Murakami (ILCA,Inc), Special thanks: Ayako Chiba , Shingo Sawai, Tsukishima Studio, Choreography: でんぱ組 .inc, Choreographic Supervision Ojiichan: 桜井圭介

TV Variety Show -「イキスギさんについてった」(©TBS | 2022) Art Director, Design: 榛葉大介 (PDB), Virtual Studio: ReeeznD

Live - Kizuna AI The Last Live「hello, world 2022」(©Kizuna AI | 2022) Opening / Ending Director: ReeeznD, Lighting: ReeeznD

Promotional Video -「コーボ先生の COBODY エクササイズ」(©Waqoo | 2022)
CG Director: ReeeznD, Character: ニッワ, Choreography: ELEVENPLAY, Music: LAUSBUB, Filming Support: Activ 8 株式会社

052/100

JACKSON kaki

CATEGORY/ MV, VR, CM, Web, Performance, VJ, Graphic, 3DCG, Contemporary Art

BELONG TO/ OFBYFOR TOKYO
E-MAIL/ kaki.contact0802@gmail.com
URL/ www.instagram.com/kakiaraara

1996年静岡県生まれ、情報科学芸術大学院大学在籍。アーティスト、映像作家、グラフィックデザイナーとして活動する。VR/AR、3DCG、映像、インスタレーション、DJ、サウンドパフォーマンスなど、マルチメディアを取り扱い、人間社会におけるバーチャルリアリティーの概念と表現について探求する。

MV, 3DCG -「When You Fake Sleep - Fake Creators」(I want the moon, not records | 2022) Music: Daisuke Endo, Lite Video: JACKSON kaki

Video Art, Performance, Contemporary Art, VRChat, VR -「境界の泉」(2022) Video: JACKSON kaki

053/100

0b4k3

CATEGORY/ VR, AR, XR, MV, Music

E-MAIL/ ghostkakigori@gmail.com
URL/ 0b4k3.tumblr.com

VRクラブ「GHOSTCLUB」主催。VR作品を手掛けるディレクターとして、またComposerとしても活動している。近年はMONDO GROSSO「FORGOTTEN」のMVのディレクション、SANRIO Virtual Festival 2023 in Sanrio Purolandではバーチャルパレード「Musical Treasure Hunt」のディレクションと一部楽曲制作を担当した。

XR -「CUE [Archive]」(2022) Director / Composer: 0b4k3, Artist / Coding: phi16
NEWVIEW PARCO Prize WORK

VR Club World -「GHOSTCLUB 5.0」(Copyright © GHOSTCLUB All Rights Reserved. | 2021)
Director: 0b4k3, Rintaro, Environment Artist: rakurai, GI Architect: phi16, VJ Architect: fotfla, wata_pj, Generalist: Reflex, Wiring Artist: tanitta, Graphics Designer: Daiya Tanabe, k0nest, Gardener: amanek, Builder: free 458679, Instrument Artist: Cap, Translator & Web Architect: cannorin, Video Animation & Video Music: Billain, Production Assistant: minawa, Photographer: MANE, tingaara_sora, Finn·

DIGITAL ART

054/100

INTERVIEW WITH

Saeko Ehara
江原彩子

CATEGORY/ AI, Generative, 3D, VJ

オランダのハーグ王立美術学院を卒業後、ライブやコンサートの現場でVJとしてキャリアを築いてきたアーティスト・江原彩子。幼少期に心を奪われた宝石や花、アクリルやホログラムといった「キラキラ」を主題に制作し、NFTを中心としたデジタルアートの領域でも評価を高めている。作家性の源泉は一貫して幼少期にあるとしつつも、近年はAIの画像生成を利用したジェネラティブアートを発表するなど作風を更新し続ける江原に、創作に対する思いを伺った。

——どのような経緯で映像を作り始めたのでしょうか。
映像制作をはじめたのはオランダの美大に留学している時です。在籍していたのはペインティング科だったのですが、実験的な取り組みを後押しするような自由な校風だったこともあって、ドローイングやパフォーマンス、インスタレーションなどいろいろと試していました。周りの友達も映像やプログラミングなど新しいことにトライしていて、私もFinal Cutを触ったりしていたんです。帰国してからはアーティスト活動をどう続けたらいいのか迷っていたのですが、ドイツの音楽フェスで初めてVJを見て衝撃を受けて。これだ！と思い、VJとしての活動をスタートしました。最初はVJの知り合いに片っ端から連絡して「何でもいいから手伝わせてほしい」とお願いしていましたね。

帰国後はVJの師匠と一緒に、イベントやクラブなどで活動していました。最初は地下アイドルのライブやジャズの音楽祭など比較的小規模だったんですけど、次第に西武ドームやヤフオクドームなど大規模な場所でVJを行うようになりました。小さな会社だったので、フリーのクリエイター、システムを制御する会社や照明の会社の方々などと分業することが多かったです。

——映像演出の役割も担っていたのでしょうか？
大枠は舞台監督が決めますが、照明や電飾のスタッフと相談して色味を調整するなどといった作業は私たちが担っていました。大きい会場でのVJってすごく楽しいんです。やっぱりスクリーンが大きいし、会場ごとに異なるLEDの形にどう対応するか考えたり。チームでひとつの演出を作っていくのが自分には向いているのかなと思うようになりました。

——その頃は作品も制作していたのですか？
それが、全く作っていなかったんです。できなかったというのもありますが、当時はデジタルアートをどこで発表すればいいか思いつかなくて。本当はアートをやりたい。VJは自分のやりたいアートではないという感覚が拭えず、かなりフラストレーションが溜まっていました。比較するにはおこがましいんですけど、Rhizomaticsのように第一線でアーティスティックな表現をされている方が羨ましかったですね。そうした流れから、私も自分にしかできない技術を身につけようとデジタルハリウッドに通い始めました。

——そこで身につけた技術が、今の作風につながっていくのでしょうか。
そうですね。デジハリではプロセッシングやTouchDesigner、Unityなどを学びましたが、なかでも相性がよかったTouchDesignerを使って作品を作り始めました。

当時は憧れていたアーティストの影響を受けていたので、今とは違ってモノトーンの作品が多いです。ただ、誰かを追いかけても同じものは作れないし、同じ立ち位置に行けるわけではない。作りながらそのことを徐々に理解して、じゃあ自分には何が作れるのかと考えたとき、小さい頃から好きだった、ピンクやお花、少女漫画の世界など、キラキラしたものに抱いた「感情」が表現の根底にあるのかもしれないと気がついて。そうやって内面を探ることで今の表現に辿り着きました。

E-MAIL / saeko.ehara@gmail.com
URL / https://skohr.works

1985年生まれ。オランダ、ハーグ王立美術学院（KABK）絵画科卒業。2010年に帰国後、スタービヨンド株式会社に入社。VJとして活動を始める。2013年よりフリーランス。2019年にデジタルハリウッド東京本校にてクリエイティブコーディングを学び始め、再びアート作品を制作する。2020年に新型コロナウイルスの影響でVJの仕事がすべてキャンセルになったことをきっかけに、本格的に国内外でアーティストとして活動を始める。

――3D作品はどのようなプロセスで作っているのですか？

最初はTouchDesignerで3D風の作品を作っていましたが、奥行きや反射の表現などに限界があったり、レイトレーシングができないこともあって、Houdiniに切り替えました。コードでアルゴリズムを書いてお花などを描いている作品もあります。すべてではないですが、アルゴリズムと組み合わせて作ることが多いです。

通常はソフトを触る前に、まず手描きでラフなスケッチを描きます。そこから、例えば花のステッキを描いた「cosmic-flower」だと、Houdiniを触りながら細かい柄を整えたり、レンダリングを繰り返してマテリアルやライトなどの細部を作り込んでいきました。

――NFTを始めるまでの流れを教えてもらえますか？

コロナ禍でVJの仕事がストップした頃、一時的にSNS向けのグラフィック広告を作る仕事をしていたのですが、その仕事をきっかけにアーティストのSNSを積極的に見るようになって。その中に、TouchDesignerで有名なKaoru Tanakaさんがいたんです。彼女やその周囲の方たちの投稿からNFTを知って、こういう世界もあるんだなと興味を持ちました。とくにSuperRareの投稿には好きなテイストの作品が多かったですね。その後、幸いにもKaoruさんからFoundation（NFTの招待制マーケットプレイス）に招待いただいて、NFTの作品を作り始めました。当時は情報も少なく、Foundationや暗号通貨の使い方が全くわからなくて、1作品目を出すまでに1ヶ月くらいかかっていました。今振り返ると、Kaoruさん経由でNFTの世界で著名な方との繋がりができて作品を広く知ってもらえるきっかけになったので、Kaoruさんとの出会いは本当に大きな契機だったと思います。

――自身の作風とNFTのコミュニティとの相性について、どのように感じていますか？

AIを用いた最近の作品はSNSでも反響があり、NFTとの相性の良さも感じています。子どもの頃の記憶から得るインスピレーションはベースにありますが、そこになにかひとつ加える――たとえば油絵を専攻していたときに学んだアートの歴史や、AIなどの最先端の表現などをかけ合わせることで、海外の方でも興味を持ってもらいやすくなるのかなと。ことNFTにおいては文脈を感じられる作品が評価を得られやすいのかもしれません。

ただ、アートは奥が深いなと思うのは、お金を得ることを第一の目的にして作ってしまうと売れないんですね。逆に、きちんと伝えようと思ったものはちゃんと売れてくれる。アートを突き詰めようとすると、人間としてのあり方を問われるようになるんだと痛感します。

――作品が評価されるようになった今、VJはどのような位置づけなのでしょうか。

アートだけで生きていくことが理想ですが、やっぱりVJは自分の原点でもあるので、ご依頼をいただける限りは現場に出たいと思っています。ゴールのあるお仕事としてのVJと、自分自身を掘り下げていくアーティスト活動というふたつの軸が存在している、という感覚です。

――映像表現にどのような可能性を感じていますか。

映像には無限の可能性があると感じています。「映像」と一言で言っても、実写、CG、抽象、ジェネラティブなものなど様々な表現がありますよね。SNSで流れてくる映像作品を見ても、みんなそれぞれ持ち味があって本当に関心するんです。油絵を描いていたときは時間軸を考える必要はありませんでしたが、映像は全体の構成や音など、考える要素が圧倒的に多い。それでも、1つずつカットをつないだり、加工をしていくプロセスは絵を描いている感覚にすごく近くもあって。そういう意味で、映像は自分にピッタリのメディアだと思います。VJではお仕事として映像に関わり、NFTの場ではアートとしての映像を作る。用途によって全く異なる表情を見せてくれるところに映像の魅力を感じているのだと思います。

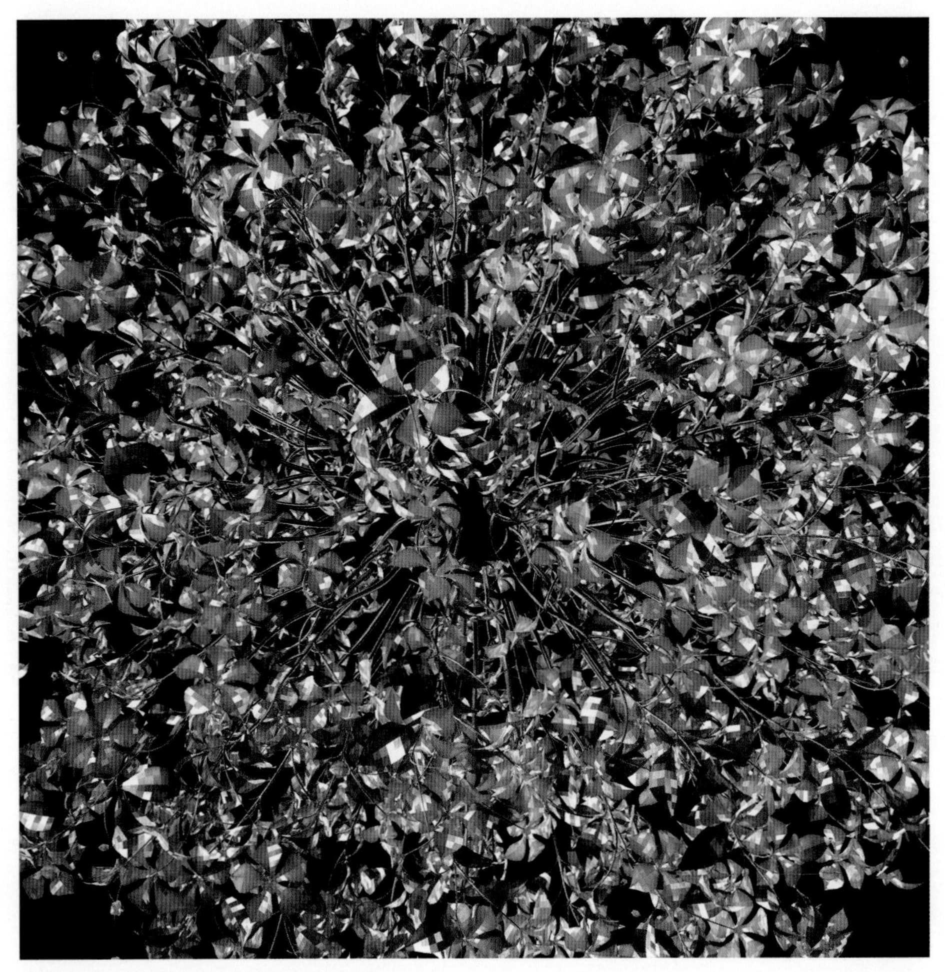

3D, Generative - 「Full Bloom」 (2021) Creator: Saeko Ehara

3D, Generative - 「Pink Harmony」 (2022)
Creator: Saeko Ehara, Sound: Shuta Yasukochi, Presented by Braw Haus

3D, Generative - 「Sonata」 (2022) Creator: Saeko Ehara, Sound: Xiaolin, Concept: Kate Neave, Presented by OpenLab

3D, Generative - 「Cosmic Flower」 (2022) Creator: Saeko Ehara, Sound: Shuta Yasukochi

AI, Generative - 「Pastel Blue Girls with the Earrings」 (2022) Creator: Saeko Ehara

AI, Generative - 「LOVE, Fulfillment」 (2023) Creator: Saeko Ehara

055/100

田中 薫　Kaoru Tanaka

CATEGORY/ Installation, Video, etc.

TEL/ +81(0) 6 6379 3709
E-MAIL/ kaoru@velvet-number.com

TouchDesignerを用いたアート制作をするジェネラティブアーティスト。インスタレーションやウォールアートなどを手掛けている。日々の実験や制作をする中で身の回りの生活や夢、空想などのインスピレーションをもとに表現する。

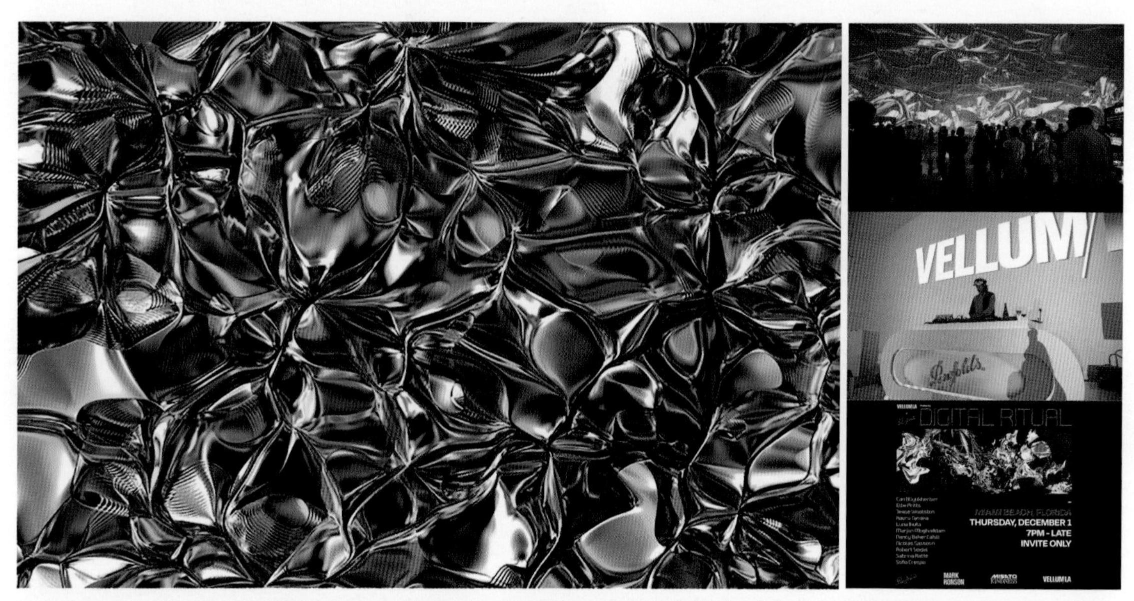

Immersive Exhibition -「Digital Ritual」(2022) Creator: Kaoru Tanaka

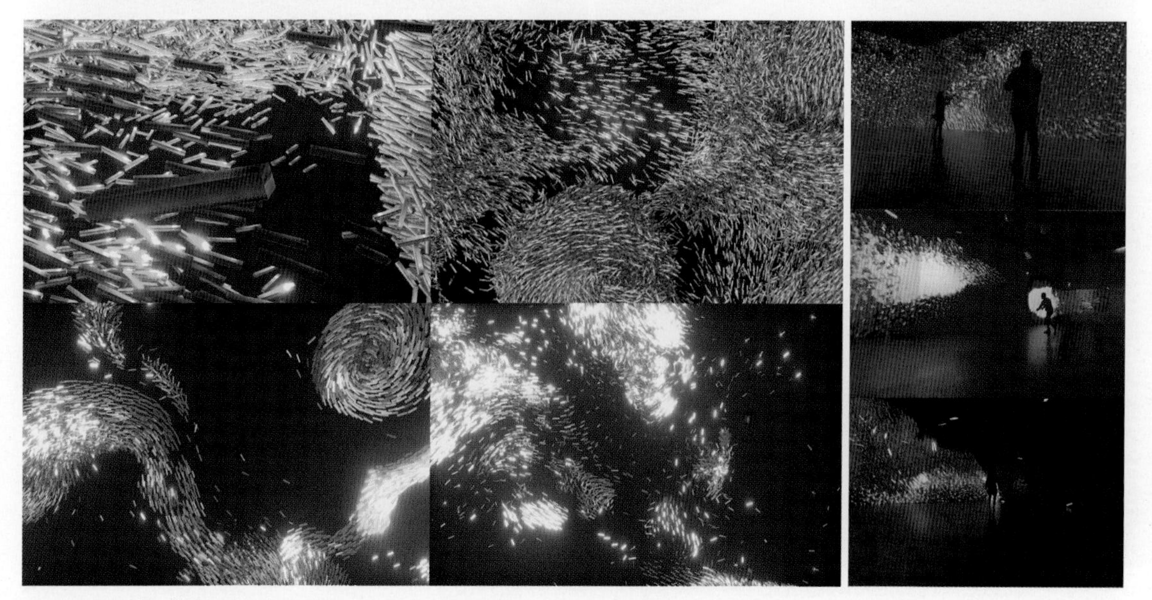

Immersive Exhibition -「Into the Flow」「WOMB」(2023) Creator: Kaoru Tanaka

056/100

針谷絵梨　Eri Harigai

CATEGORY/ Stage Production Movie, Projection Mapping, Digital Art

URL/ eriharigai.com,
www.instagram.com/eri_harigai

セントラル・セント・マーチンズ美術大学卒業。テレビやコンサートのステージ演出映像。2019年よりフリーランス。プロジェクションマッピングやARなど様々なNew Mediaのジャンルを中心に活動をはじめる。現在はNFTとMetaverse中心で3Dアート、イベント映像なども手掛ける。Art Dubai、UltraSuperNew、ARTECHOUSEなどにデジタルアート作品を展示。

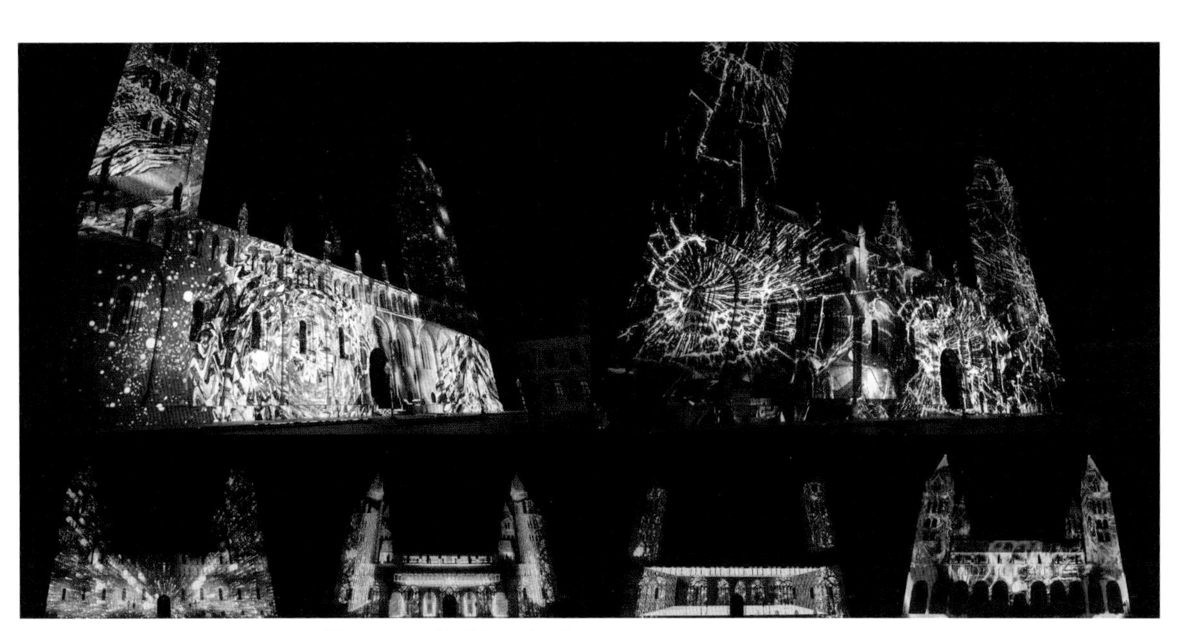

Projection Mapping - Zsolnay Light Art Festival「Kaleidoscope」(©Eri Harigai | 2021)

Digital Art - ARTECHOUSE DC "Pixel Bloom"「Moda elemental: "Yozakura" and "Fubuki"」(©Eri Harigai | 2022)

057/100

髙岸 寛　Hiroshi Takagishi

CATEGORY/ TVCM, Digital Media, Live Events, Installation, AR

BELONG TO/ WOW inc.
TEL/ +81(0)3 5459 1100
E-MAIL/ takagishi@w0w.co.jp
URL/ takagishi.myportfolio.com

WOW所属アートディレクター。TVCM、デジタルメディア、ライブイベントなどを中心に、幅広い領域での柔軟なデザインを得意とする。3DCGを用いた表現を軸にしつつ、映像メディア以外にも、AR表現やインスタレーションなど、ビジュアルデザインに関する様々な領域に活動の範囲を広げている。

Short Movie, 3DCG -「POEM」(©WOW inc. | 2021)
Planner / Creative Director: Takuma Nakazi, Director / Designer: Hiroshi Takagishi, Designer: Itsuki Maeshiro, Ryoichi Kuboike, Music: Marihiko Hara, Executive Producer: Hiroshi Takahashi, Producer: Yasuaki Matsui

Audio Visual Performance, Interactive, Installation, Generative Art, Projection Mapping, Real-time Graphics -「WOW 25 "ソノソリアム" from Unlearning the Visuals」(©WOW inc. | 2022) Director: Hiroshi Takagishi, Desinger / Programmer: Keita Abe / Shunsaku Ishinabe, Planner: Moe Goto, Executive Producer: Hiroshi Takahashi, Producer: Sinichi Saeki, Yasuaki Matsui, Assistant Producer: Ken Ishii, Cooperation: Ayatake Ezaki (WONK, millennium parade), Katsuhiro Chiba, Dentsu Lab Tokyo

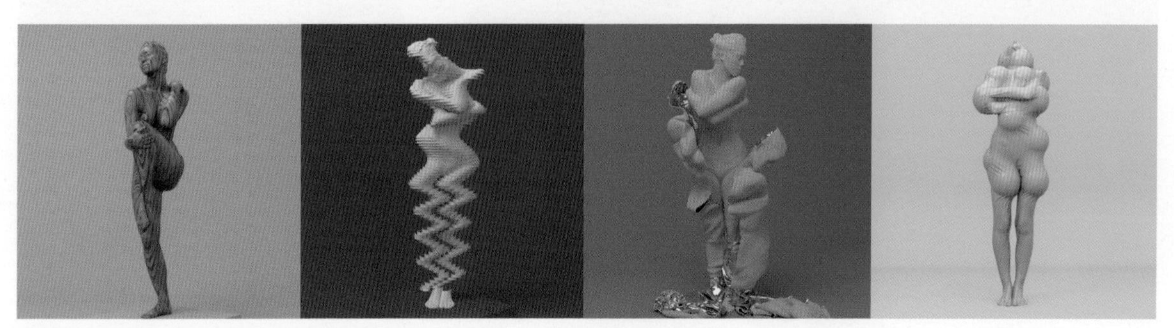

Short Movie, 3DCG -「STATUE EXPERIMENT」(©Hiroshi Takagishi | 2020)

058/100

木下朋朗　Tomoro Kinoshita

CATEGORY/ VR, AR, NFT

E-MAIL/ rowrowttt@gmail.com
URL/ www.instagram.com/tomorokinoshita

Visual Artist。3DCGとイラストを融合させたアートワークを制作。情報量の多い空間は鮮やかな色彩で構成され異なる手法で生み出されたクリーチャーが点在し、要素として生物の生態・習性を取り入れている。XRやNFTを使用し様々な形式で作品を発表、PARCO、SuperRare Galleryなど国内外で展示を行う。

NFT -「Glass Tree」(2022) Creator: Tomoro Kinoshita

NFT -「Species preservation」(2022) Creator: Tomoro Kinoshita

PIXEL ART

059/100

INTERVIEW WITH

EXCALIBUR

エクスカリバー

CATEGORY/ Contemporary Art, Advertisement, PV

現実と仮想が重なる場所——「ストリート・イーサネット・フィールド」をテーマに活動するアーティストコレクティブ・EXCALIBURへのメールインタビュー。神話などの歴史的な物語と、個人的な記憶の相互関係によって生まれる作品は、NFTのシーンにおいても国際的な注目を集めつつある。届いた回答には、EXCALIBURの始まりから、円環する過去と未来、そしてNFTが獲得した「故郷」という時間について記されていた。

——どのようなメンバーが在籍しているのか教えてください。
EXCALIBURは田中良典が2006年に立ち上げたコレクティブで、現実と仮想のメンバーが在籍しています。立ち上げた当初、現実の人間は田中1人だけでしたが、近年、現実の人間の割合が増えています。アートプロジェクトや、作品によってメンバーが入れ替わることもありますが、常に13人です。この中で映像作品に関わっている主なメンバーは、田中良典（原案・下絵・仕上げ担当）、すえぞぉ（音楽担当）、岩田舞子（構成・動画担当）の3名です。

——作品制作に影響を与えた原点のような存在はありますか？
私が「アート」というものを初めて認識したのは、1980年代に遊んでいたファミリーコンピュータ・ソフトのコンセプトアートでした。中でも、天野喜孝さんによる「FINAL FANTASY II」のパッケージに衝撃を受けたことを覚えています。当時のビデオゲームは、記号的なグラフィック（ドット絵）で、とてもシンプルな表現でした。しかし、そのコンセプトアートはとても精密で、記号的なグラフィックと相互作用することによって、物語世界がとても広く深くリアリティを持つものとなったのです。幼かった私は、その魔法を習得したいと思いました。そして仲間を集め、魔法の力が宿る伝説の剣「EXCALIBUR」としてアーティスト・コレクティブを結成しました。EXCALIBURのピクセルアートをはじめとした創作活動は、当時の感動が原点にあります。ずっと冒険を続けています。

——「現実と仮想が重なる場所」について、詳しく教えてください。
私たちはニューロンの電気信号で世界の豊かさを享受し、そして創造しています。宇宙と生命の誕生も、無と有、0と1の重なりです。それは、素粒子という最小データが積み重なる現実をデジタルに受像しているようなものであり、この世界が触覚をともなった高解像度のシミュレートされた代替空間（ゲーム空間）である可能性を示唆しています。

仮想と現実はギャップがあるものではなく、相互に呼応しています。重要なのは、その重なりを認識することです。デジタルで現実を描く時、それは「懐かしい未来」を描いているのかもしれません。私たちが子どもの頃にプレイしたゲームが、私たちを様々な空想と未来への旅に連れて行ってくれたように、そして、私たちの世界に語り継がれる神話が私たちの現代社会に気づきを与えるように、私たちの作品が誰かのもうひとつの現実と未来を作ることを望んでいます。現代とは未来のレトロゲームであり、世界は開発中のものです。

——古来の日本文化がモチーフの作品も多いですが、なぜこうしたモチーフに惹かれるのでしょうか。
私は、日本の神話に登場するとても古い神社の近くで生まれ育ちました。そこは日本の神話において、太陽神と食物神が地に降りて初めて一緒に住んだという神社で、神々はその後に全国を旅して、現在の場所に辿り着きました。その場所は日本の神社の最高位の1つ「伊勢神宮」となり、彼女らが旅した場所には多くの神社が点在し、祀られています。

E-MAIL / info@entaku.net
URL / www.entaku.net

東京⇔京都を拠点に活動する現代美術サークル。「ストリート・イーサネット・フィールド」という現実と仮想の重なりをテーマに、個人的な記憶を物語や神話と交差しながら社会的な記録となる美術に変換する。近年の主な展示に「The Postmodern Child」(釜山現代美術館／韓国)、個展「NEW GAME+」(Sato Gallery ／フランス)、「Cyber Beijing」(北京／中国)、「ASIA NOW」(パリ／フランス)がある。

つまり、神道において神霊は無限に複製可能であり、一柱一柱がオリジナルです。分霊しても元の神霊に影響はなく、同じご利益があり、すべての神霊に故郷があります。それと同じように、複製されたデジタルデータもすべてオリジナルであり、どこかに故郷があるはずだと考えました。デジタルデータの魂に故郷を与えたいと考えていた私たちが、古来の物語を引用しながらデジタルアート、そしてNFT（クリプトアート）に向かうことは、とても自然な流れでした。

私たちのインスピレーションの源は、人々に語り継がれた伝統的な物語と、最先端の出来事です。それらは互いに、時間を超えて惹かれ合うものだと考えています。

――Tezos作品の「PIXEL MANIFESTO」で、NFTが獲得したものを「故郷」と名づけましたが、その「故郷」とはどのようなものでしょうか？

NFTは真正性や唯一性について議論されることが多いですが、NFTはそれ自体を証明できるものではありません。実際に定義できるものはそれが記述された刹那、「時間」だけです。NFTの発行（ミント）は今後、永続的に続くかもしれないブロックチェーンでのデジタルデータのスタート地点です。現在、私は東京で活動しており、京都府北部の山奥の村へ帰る時、そこを懐かしい故郷として感じることができますが、実際には身体の移動でしかありません。そこで過ごした時間を想い返しているから、懐かしい故郷になるのです。つまり、故郷とは、そこにある空間（風景）ではなく、記録（記憶）された時間です。

デジタルデータが故郷という時間を獲得したことによって、200年後の人々が私たちのNFTの記述を閲覧した時、2023年の私たちに想いを馳せることができるようになりました。今この瞬間は、未来から観測する誰かの故郷なのです。

――デジタルアートやNFTにどのような可能性があると思いますか？

私たちにとってデジタルアートは技法の1つですが、その意味するものは、この数十年で大きく広がりました。そして、これまではデジタルアート⇔フィジカルアートでしたが、今やその境界は曖昧です。たとえば、主題と技法を自己学習したAIが絵具でキャンバスに描いた絵画はデジタルアートでしょうか、フィジカルアートでしょうか？そのような境界の重なりは1968年の「サイバネティック・セレンディピティ」でCTGが予言していたようにも感じます。デジタルの意味が拡張するほど、対をなすもののエッジも磨かれるはずです。現実や生命といった概念の境界はデジタルと更に重なり、ますます曖昧になるでしょう。

私たちはNFTをコードでコミュニケーションする非常にコンセプチュアルな芸術運動、ポスト・コンセプチュアルアートとして捉えています。美術史上、すべての作品にはコンセプトとイメージが共存します。暗号芸術（クリプトアート）には、通常、ブロックチェーンに記述されるメタデータ（インデックスデータ）とIPFSに保存される作品データの明確な二重性があります。このブロックチェーンに記述されるメタデータこそ、クリプトアートにおける美学の核であり、先ほど述べたデジタルデータにおける魂の故郷であり、これまでの美術史が積み重ねてきたコンセプトとイメージの二重性を明確に批評し、議論を更新する可能性を持つ世界的な芸術共同体です。

それはメタデータと作品データだけに限らず、現実と仮想の「二重性」も意味します。世界はデジタルツインに進んでおり、メタバースに現実がシミュレートされる未来を想像することは容易です。しかし、その現実もまた仮想のシミュレーションです。このパラドックスな二重性は、クリプトアートの大きな可能性になると思います。そして、デジタルアートもNFTも、100年も経たないうちに伝統芸術になるでしょう。

NFT -「NEW GAME+ / NEW normal GAME」(©EXCALIBUR | 2020-2021)

NFT -「NEW GAME+ / Patriotism pilgrimage mandala」(©EXCALIBUR | 2019-2021)

NFT -「Gotchi-Noh / Izutsu (The Well Cradle)」(©EXCALIBUR | 2021-2022)

NFT -「Gotchi Mandala」(©EXCALIBUR | 2022)

NFT - 「NEW GAME+ II / Meta-Consciousness-Only」 (©EXCALIBUR | 2022-2023)

NFT - 「NEW GAME+ / National reincarnation」 (©EXCALIBUR | 2020-2021)

PV- 「Les lieux célèbres de Paris」 (©EXCALIBUR | 2022)

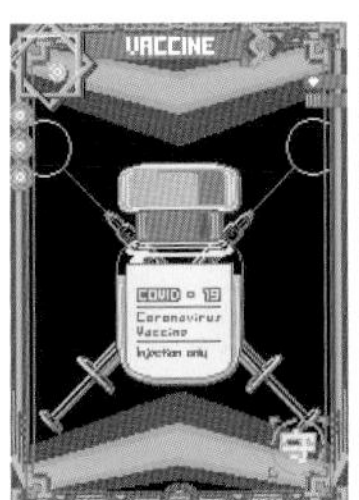

NFT - 「JUFU (AKAE) Series」 (©EXCALIBUR | 2021-2023)

060/100

mae

CATEGORY/ Pixel Art

E-MAIL/ mae.pixel1031@gmail.com
URL/ twitter.com/mae_1031_

1993年生まれ。横浜市で小学校教諭として4年間勤務した後、2020年4月から本格的にピクセルアートの制作を始める。MVやWeb CMなどの映像作成、前職の経験を活かしてピクセルアートの授業やワークショップなども幅広く行う。現在では、NFTアーティストとしての活動を中心としており、承認されたアーティストのみが使用できる世界最高峰のプラットフォームSuperRareで作品を販売している数少ない日本人アーティストである。

Pixel Art -「Sunny Delights」(2022) Creator: mae

Pixel Art -「海に落ちたピアノ / Song of Memories」(2023) Creator: mae

Pixel Art -「街の群像 / Simulacrums」(2022) Creator: mae

061/100

BAN8KU

CATEGORY/ Pixel Art, Graphic, 2D Animation, Web

E-MAIL / ban8ku@gmail.com
URL / ban-8ku.jp

ピクセルを主軸においたパノラミックでポップなグラフィック・イラストで、自主作品のみならず企業やイベントとのプロジェクトも積極的に行っている。主な仕事にゆず×渋谷PARCO、mixi Office Entrance LED Signage、東急まちびらきビジュアル、不二家Smile Switch、Google Play、Eテレ番組などのビジュアルを制作。キャラクターグッズのディレクションや制作など多方面にて活動。

Digital Signage - 東急グループ渋谷再開発 まちびらき「HELLO neo SHIBUYA」(©TOKYU CORPORATION | 2019) Director / Pixel Art: BAN8KU

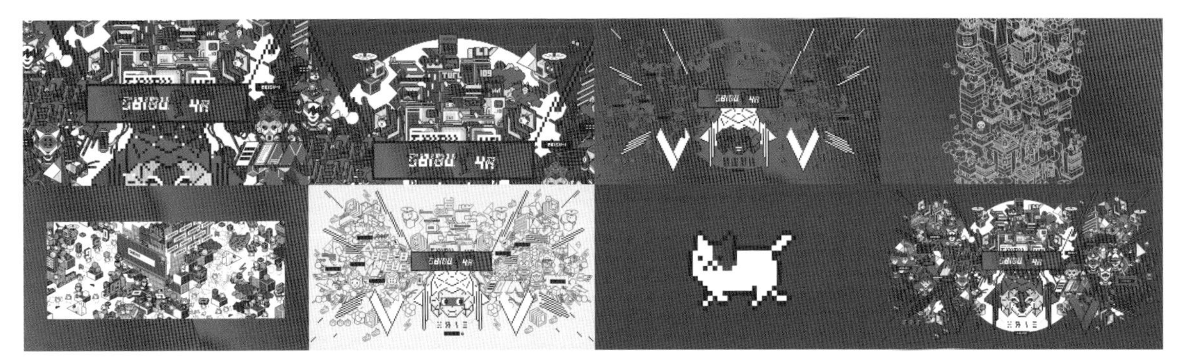

Artwork - 「TOKYO - SHIBUYA series」(©BAN8KU | 2022) Director / Pixel Art: BAN8KU

Artwork - ゆず特別企画展「YUZUTOWN Special Exhibition」(©SENHA. | 2021) Director / Pixel Art: BAN8KU

062/100

重田佑介　Yusuke Shigeta

CATEGORY/ Pixel Art, Media Art, Installation, Animation

E-MAIL/ shigeta@obake.work
URL/ www.shigetayusuke.com

映像作家。驚き盤やゾートロープなど装置を含めた広義なアニメーションへの興味からメディアアート領域で活動。複数のプロジェクターやモニターを使って、空間的にアニメーションを展開した体験型の映像作品を手掛けている。主な展覧会に、「オープンスペース2011」(ICC)、「キラキラ、ざわざわ、ハラハラ展」(横須賀美術館)、「"ちり" も積もれば世界をかえる」(日本科学未来館)、個展「しかくいけしき」(文化フォーラム春日井・ギャラリー、ふなばしアンデルセン公園子ども美術館)など。

Video Installation -「関ヶ原山水図屏風」(©shigetayusuke | 2021)

Video Installation -「"ちり" も積もれば世界をかえる」(©Miraikan - The National Museum of Emerging Science and Innovation | 2021)

Video Installation -「Pixel Forest in Night | よるのがそのもり」(©shigetayusuke | 2019)
Photo: Kenta Umeda

063/100

asaha

CATEGORY/ Illustration, Character Design, Animation, MV

E-MAIL/ asahapixelart@gmail.com
URL/ www.youtube.com/c/asaha

2007年頃からデコメールなどの携帯コンテンツ向けにGIFアニメ、ピクセルアート（=ドット絵）を制作。2013年に就職を機に活動を休止するが、2017年より会社員の傍ら作家活動を再開。ピクセルアートに歌や声をあてたオリジナルキャラクターのストーリーをYouTubeで連載し、ファミコン世代のいわゆる"ドット絵ファン"のみならず、小さな子どもをはじめ幅広い世代に愛されるドット絵の世界観・映像表現を目指している。

Animation -「回転ずしくんシリーズ」(2020-2023) Creator: asaha

Animation -「ドコドコうさぎシリーズ」(2021-2023) Creator: asaha

LIVE ACTION

064/100

INTERVIEW WITH

Yuka Yamaguchi

山口祐果

CATEGORY/ MV, CM, Web

DRAWING AND MANUALで林響太朗のアシスタントとして経験を積んだのち、2021年に独立。現在は映像監督として、CMやMV、ブランドムービーなどの領域で活動する山口祐果。ものづくりを行う理由を「ジェンダーバイアスや、不可視化されている不平などの克服を目指す」とする彼女は、映像という表現手段にどのような可能性を見たのか。

——映像制作の世界に入った経緯を教えてください。

学生の頃は映像関係の仕事を目指すつもりは全くなくて、大学卒業後は広告代理店に就職しました。広告代理店を選んだのは、大学で何気なく受けたジェンダー論の授業の影響です。その授業で、日本のジェンダーギャップランキングがG7の中でも圧倒的に低いことや、医者や弁護士などの職業をイメージしたとき、男性を思い浮かべる割合が圧倒的に高い、という話を聞いて。これまで私は、女性が社会のなかで弱い立場にあるのは当たり前だと思っていたんです。でもその授業で胸の内にあったもやもやが一気にリンクして、この事実を知ったからには何かしないと、と居ても立ってもいられなくなりました。

——それで広告代理店という選択肢だったんですね。

広告代理店なら多様な媒体を扱うし、社会の価値観を変えられるような仕事ができるかもしれないと、漠然とした希望を持っていました。そこでは営業職に就いたのですが、仕事が全くできず途方に暮れる日々で……。結果的に広告代理店を辞めて、自分で作品を作ろうとインターンで制作会社などを転々とするようになります。その時期に出会ったのが、映像監督の林響太朗さんです。正直、林さんについてはあまり知らなかったんですけど、とにかく映像を作りたいと熱弁したところ「じゃあ、DRAWING AND MANUALに来てみれば？」とその日に誘っていただいて。

——それは驚きですね。

そうなんです。その時は本気なのか分からなかったのですが、後日正式に誘ってくれました。当時の私は映像制作の学校に通ったことこそあるものの、現場経験もなくたまに自主制作をしていたレベル。ほとんど無知の状態で入社したにもかかわらず、林さんはデザインソフトの使い方から手取り足取り教えてくれました。芸術や画家についても教えてくれて、本当に先生のような存在でしたね。

——映像業界は男性の比率が高いと言われますが、業界に入ったときの印象を教えてください。

最初の数ヶ月はびっくりするようなことを言う人がいて、衝撃を受けたことを覚えています。数年前って、まだ世の中のリテラシーも今とは違う空気だったので。ただ、会社や林さんのチーム内では嫌な思いをしたことはなかったです。たとえば女性の描き方に懸念があると感じたときにはちゃんと伝えられたし、林さんも私の意見を受け止めてくれていました。率直に思ったことを言える環境が嬉しかったですし、映像業界には「価値観を変えたい」と思っている人がたくさんいて希望が持てました。林さんという素晴らしい師匠とチームに囲まれて、DRAWING AND MANUALでは丸3年間、良い経験を積ませてもらったと思っています。

——ご自身の作家性についてどのような点が特徴的だと感じますか。

難しいですけど、こうだったらいいなというのはひとつあって。子どもの頃からずっとストリートダンスをやってきて、大学生の頃はかなりストイックに打ち込んでいたので、ダンスは自分にとってひとつのルーツのようなものなんです。この仕事に就いてからはダンスをしていないので全く踊れなくて悲しいんですけど、音や拍の取り方にダンサーの面影が反映されていたらいいなとは思います。映像が音とセッションしているような一体感を出したいですね。

E-MAIL/ yy@yukayamaguchi.info
hanausami.work@gmail.com (Mg)
URL/ www.yukayamaguchi.work

DRAWING AND MANUALを経て2021年に独立。ファッション、音楽を中心にプロダクトやメッセージ広告などボーダーレスに活躍する。近年の主な作品に、JORDAN BRAND、LOEWE、shu uemura、UNIQLO、Amazonなどがある。趣味は踊ること。「よく笑い、よく食べること」がモットー。

――昨年の作品で特にお気に入りのものを選んでいただけますか。

ひとつは国際女性デーを記念して作られた、LOEWEと中村佳穂さんのコラボムービーです。中村さんの演奏には本当に感動しました。こんなに綺麗な音を奏でる人がいるんだって。素晴らしいパフォーマンスを目の当たりにすると、カットが切れないですね。いろいろな案が出たのですが、最終的にはピアノと中村さんだけで一発撮りをすることにしました。

もうひとつはJORDAN BRANDのお仕事で、渋谷の13面あるスクリーンをジャックして、バスケットボールを軸に挑戦し続ける人へのメッセージ映像を放映したインスタレーション・プロジェクト。クライアントから撮影スタッフ、そして出演者までがバスケットボールのチームのように一丸となって完成まで駆け抜けた、思い出のプロジェクトです。発想が斬新ですし、JORDAN BRANDのメッセージや出演者のバックグラウンドもかっこよくてすごく感化されて。これからも頑張ろうと思える案件でしたね。

――撮影手法やテクニカルな部分で意識していることはありますか？

まだ経験が浅いので日々変わってはいますが、今はチームプレーがすごく好きです。撮影監督やプロデューサーはもちろん、制作部の人、ときにはスタイリストのアシスタントさんまで、いろんな立場の人たちの意見を聞きながら制作を進めています。もちろん軸は自分で決めますが、ほかの人の意見を取り入れることで想像を超えた作品になるときがあるんです。たぶん、欲張りなんでしょうね。面白いことであればどんどん取り入れたいという気持ちが強いです。

――数年前と比較して社会の価値観の変化を感じるときはありますか？

みんなの考えが変わったというより、もともと持っていた考えを発信しやすくなってきていると感じます。いわゆる多様性を意識した映像は、少し前まで「攻めてる」と言われることが多かったのですが、徐々に特別なことではないという認識が広がってきました。メンタルヘルスに関しても、昔は話しづらいトピックでしたが、今は自分をケアすることが肯定的に捉えられるようになりましたよね。コロナ禍以降、とくにそうした変化が顕著だなと。

――今後、どのような映像作家になっていきたいですか？

映像業界に入った当時、女性の描き方が限られていると感じたことがありました。どこかおしとやかで奥ゆかしいといったイメージが多かったのですが、本来女性というのはもっと多様なはずです。こうした社会のジェンダーイメージにとらわれない作品を生み出したいと思っています。

ただ、先ほど言ったような価値観の変化は感じているものの、自分の仕事で世の中の価値観の更新に貢献できているかというと、まだまだ足りてはいません。これからも大きな影響をもたらす仕事に携われるよう、変化を恐れず、常に様々な選択肢を持てるようにしたいと考えています。より良い仕事をして、いつか化けたいです。

――社会に影響を及ぼせるのなら、映像以外の選択肢も視野に入りますか？

今は映像の仕事に100%の力を注ぎたいと思っていますし、なんでもやりたいです。でも、映像だけに執着しないという気持ちがあるのも自分のいいところだと思います。目標にも縛られず、いろいろな方面から吸収しながら変わっていきたいし、まだまだ進化する余地はたくさんあるのかなと思います。そういう意味では、先ほど話したJORDAN BRANDのインスタレーション映像のような、通常の「映像」の枠を飛び越えた企画への挑戦は続けていきたいですね。

Installation -「Beyond | Shibuya Crossing Takeover」(©JORDAN BRAND | 2023)

Web - 中村佳穂 x LOEWE「AINOU」(©SPACE SHOWER MUSIC | 2022)

Web -「Think Your Normal」(©FUTURE LIFE FACTORY by Panasonic Design | 2021)

Web -「unlock your potential」(©shu uemura | 2022)

MV - CHAI「まるごと」(©ソニー・ミュージックレーベルズ | 2022)

065/100

鴨下大輝 Daiki Kamoshita

CATEGORY/ MV, CM, Web, Live, OOH

MAIL/ disisdik@gmail.com
URL/ daikikamoshita.com

1995年生まれ、東京都小平市出身。首都大学東京（現：東京都立大学）インダストリアルアートコース卒。2020年よりフリーランスとして活動。MV（SKY-HI、Official髭男dism、優里、Snow Man、三宅健、加藤ミリヤ、Superflyなど）を主軸とし、TVCM（WINTICKET、LINE、日比谷花壇など）やLive（BE:FIRST、PUNPEE、BLUE ENCOUNTなど）などの映像演出を手掛ける。

MV - キタニタツヤ「PINK」(2022)
Director: Daiki Kamoshita, CG Director: The Worst Vegetable Corner, Cast: Joel Shohei, Cinematographer: Ryosuke Sato, 1st AC: Yuki Maxima, 2nd AC: Arashi Ishikawa, Lighting Director: Haruka Harazawa, Lighting Assistant: Yu Takamatsu, Takumi Nakashima, Marin FuKamoto, Production Designer: Yuichi Ishida, Production Designer Assistant: Takahiro Osuga, Run Yamada, Hair & Make Up: Katsuki Chichii, Colorist: Hisashi Nemoto(KASSEN), Production Staff: IYO, Harumi Akada, Chen Chih Yun, Producer: Kota Noguchi, Production: FIRSTORDER

Live OP - 「BE:FIRST 1st One Man Tour "BE:1" Live Opening Movie」(2022)
Director: Daiki Kamoshita, Cinematographer: GAKU, Lighting Director: Akihiro Numata, Stylist: Yuji Yasumoto, Hair & Makeup: Megumi Kuji(LUCK HAIR), Corolist: Sota Ito, Location Coordinator: Fumiyoshi Shimada(MERCURY), Transporter: Toshiki Mochizuki(Grace), Producer: Tadashi Nagoya(P.I.C.S.), Production Manager: Masakuni Tsujimoto(P.I.C.S.), Kei Saito, Yoshihiro Adachi, Production: P.I.C.S.

066/100

和田 昇　Noboru Wada

CATEGORY/ CM, MV, Short Film, Branding, Concept Design

BELONG TO/ AGLAONEMA
TEL/ +81(0)8019097503
E-MAIL/ noboruwadawada@gmail.com
URL/ vimeo.com/aglaonema

クリエイティブディレクター／映像作家／コンセプトデザイナー。クリエイティブブティック「AGLAONEMA」主宰。映像・グラフィック・空間演出まで領域を越えてコンセプト設計・企画演出を行う。映画のワンシーンのような映像美、空気感と読後感を意識したエモーショナルな表現を得意とする。主な仕事に、ソニーセミコンダクタソリューションズグループやSOMPOひまわり生命などのコマーシャル、Da-iCEや乃木坂46などのアートワークや映像の企画演出がある。

Web -「Sony – STAR SPHERE【PLAY SPACE. Event Teaser】」(2022)

MV - PEARL CENTER「Orion」(2020)

067/100

洞口 慶　Kei Doguchi

CATEGORY/ Fashion Movie, Documentary

TEL/ +81(0)80 5561 7456
E-MAIL/ keisunday1@gmail.com
URL/ www.keepsakei.com

1999年埼玉県生まれ。大学を卒業後、村上隆率いるKaikai Kikiの映像部に勤務。退社後、ファッションメディアを中心に、ファッションムービー、ドキュメンタリーなど幅広い映像作品に携わり、ディレクションから撮影、編集まで手掛ける。16歳から続けるBMXの経験を背景に、ストリートカルチャーに影響を受けながら自身の作品に落とし込んでいる。

Documentary - 「Rei Brown」 (2023) Film and Edit: Kei Doguchi , Special thanks: Shiori Nii, Music and Starring: Rei Brown

Fashion Movie - 「Calvin Klein Spring collection 2022」 (2022)
Styling: Rumiko Koyama, Hair & Make up: Tomoaki Usu, Film / Edit: Kei Doguchi, Music: Kiyoshi Fujita, Edit / Text: Shiori Nii

068/100

StudioKNB

CATEGORY/ MV

E-MAIL/ info@studiokonbu.com
URL/ www.studiokonbu.com

2020年結成。武蔵野美術大学造形学部視覚伝達デザイン学科の同期である今野李菜（Konno Rina）と三浦文我（Miura Bunga）によるクリエイティブユニット。主にアーティストのMVを制作する傍ら、デザイン、写真、アートディレクションなども手掛ける。豊かな色彩感覚とデザインベースの画作りが特徴。アーティスト本来の魅力を引き出すと共に、唯一無二な作品を作り出すことを目指している。担当したアーティストは杏沙子、ケプラ、PEOPLE 1、レイラなど。

MV -「ケプラ/ルーシー」(2023) Director: Studio KNB, Lighting Director: Takuma Saeki, Lighting Assistant: Roku Watanabe, Stylist: Yuya Nakajima, Hair and Make-up: Haruna Sato, Photographer: Ryohey, Production Manager: Yuta Rikiyama, Production Assistant: Taiki Miura, Producer: Takuma Moriya

MV -「レイラ/ふたりのせかい」(2021) Director: Studio KNB

069/100

Classic 6

CATEGORY/ Video Installation, Short Film, Fashion Film, Graphic Design, CM, MV

E-MAIL/ classic6six@gmail.com
URL/ www.instagram.com/classic6six

プロジェクト毎に約6人のメンバーが入れ替わるクリエイティブ・コレクティブ。アートディレクター、ミュージシャン、フィルムディレクター、美術作家などが入れ替わり参加する。時代を超える良き映画や音楽のような心地よさで、クラシックにプロジェクトを進行する。

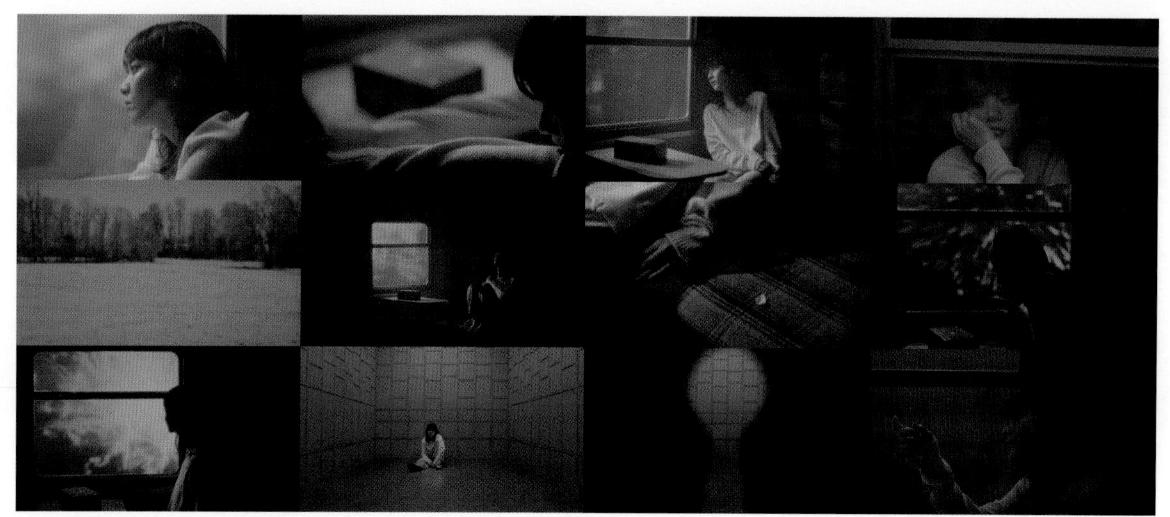

MV - あいみょん「3636」(©Warner Music Japan Inc. | 2022) Director: Classic 6

CM - 「MOUSSY 2022 Autumn / Winter Campaign」(© Baroque Japan Limited. | 2022) Director: Classic 6

070/100

渡辺花　Hana Watanabe

CATEGORY/ MV, VJ, Art Film

BELONG TO/ tamanaramen
E-MAIL/ snapdragonee@gmail.com
URL/ www.instagram.com/hanargram

1999年東京生まれ。2021年武蔵野美術大学映像学科卒業。東京を拠点に活動する映像作家／アートディレクター／ビジュアルアーティスト。 姉妹オーディオビジュアルユニットtamanaramenメンバー。 個人に内在する寂しさや都市の孤独にフォーカスした作品を制作している。主な展示・上映に「イケシブアートウォール」渋谷イケベ楽器店（東京、2022）、「Refraction Festival」ZeroSpace（NY、2022）、「Imaginary Line」CONTACT TOKYO（東京、2021）、「P.O.N.D.」渋谷パルコ PARCO MUSEUM TOKYO（東京、2021）、「Asia America International Film Festival」（NY、2018）など。

Short Movie -「hazama」(2021) Director: Hana Watanabe

MV- tamanaramen -「ゆりかご」(2023) Director: Hana Watanabe

071/100

仲原達彦　Tatsuhiko Nakahara

CATEGORY/ MV, Live Music Recording, Fashion, Short Film

BELONG TO/ 株式会社カクバリズム
E-MAIL/ tats@nakahara.work
URL/ tats.nakahara.work

映像作家としての活動と並行して、音楽レーベル「カクバリズム」でミュージシャンのマネージメント、A&Rを担当。音楽への理解度を生かしたアプローチで様々なアーティストのMVやライブ収録、ライブ演出も手掛ける。カクバリズムに所属する多彩なミュージシャンと協力して、音楽と映像をトータルで担うブランディングムービーなども制作している。私物の8mm、16mmフィルムカメラを使用した作品も多数。

MV - 三浦透子「風になれ」(©EMI Records / UNIVERSAL MUSIC | 2022)

MV - Chilli Beans.「L.I.B」(©A.S.A.B | 2022)

072/100

渡邊勝城　Masaki Watanabe

CATEGORY/ MV, CM, Fashion Movie, Art Direction, Design, Live Direction

BELONG TO/ マキシラ
E-MAIL/ watanabe@maxilla.jp
URL/ masakiwatanabe.com

1994年パリ生まれ。2015年に東京に移住。映像ディレクター、アートディレクター、デザイナーとして活動。MV、CM、Fashion Movieなどの映像表現を中心に、広告ビジュアル、ロゴ、CD、ファッションビジュアル、ライブ演出なども手掛ける。

Digital Fashion Show -「KEITA MARUYAMA × PITTA MASK | Rakuten Fashion Week TOKYO」(©株式会社アラクス | 2020)

Live Direction -「SIRUP - Roll & Bounce Live at BUDOKAN」(© Styrism Inc. | 2022)

073/100

peledona 永田 俊 / 山本広司
Shun Nagata / Koji Yamamoto

TEL/ +81(0)70 8317 1241
E-MAIL/ nagata@whiteco.jp
URL/ n-p.tokyo

CATEGORY/ MV, CM, Web

永田 俊（主に演出）、山本広司（主に企画）の二人で活動。共に1988年生まれ東京都出身。小6の夏、栄光ゼミナールにて出会う。その後中高大と同じ学校を卒業、共にサッカー部。高校のバンドコンテストでラップを披露するべく、神様であるpeleとmaradonaを足した"peledona"を結成する。以降、精力的に活動中。

MV - Creepy Nuts「かつて天才だった俺たちへ」(2020) Director: peledona Shun Nagata / Koji Yamamoto

MV - Creepy Nuts「よふかしのうた」(2019) Director: peledona Shun Nagata / Koji Yamamoto

074/100

HARU

CATEGORY/ MV, CM, TV, Brand Movie, Motion Graphics, Graphic Design

BELONG TO/ koe Inc.
E-MAIL/ haru@koe-inc.com
URL/ www.koe-inc.com/members/haru,
www.instagram.com/i_a_m_h_a_r_u

2010年、Central Saint Martins BA Graphic Design Course 卒業。ロンドンにてグラフィックデザイナー／イラストレーターとして従事したのち、日本へ帰国。帰国後は、CM・TV・MV等の制作にアートディレクター／ディレクター／モーショングラフィックスデザイナーとして携わる。「イメージメイキング」を得意とし、グラフィカル且つシュールな世界観をベースに、企画、ブランディング、グラフィックデザイン、イラスト、実写映像、モーショングラフィックス、ファッションなど様々な分野で制作活動を続ける。

MV - THE YELLOW MONKEY「Balloon Balloon」(Inspired Video) (2019) Director: HARU

MV - いきものがかり「BAKU」(2021) Director: HARU

MV - 森七菜「背伸び」(2021) Director: HARU

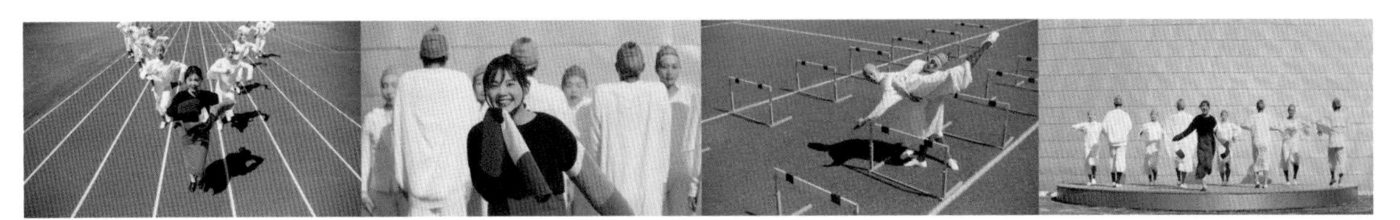

MV - 吉岡聖恵「凸凹」(2022) Director: HARU

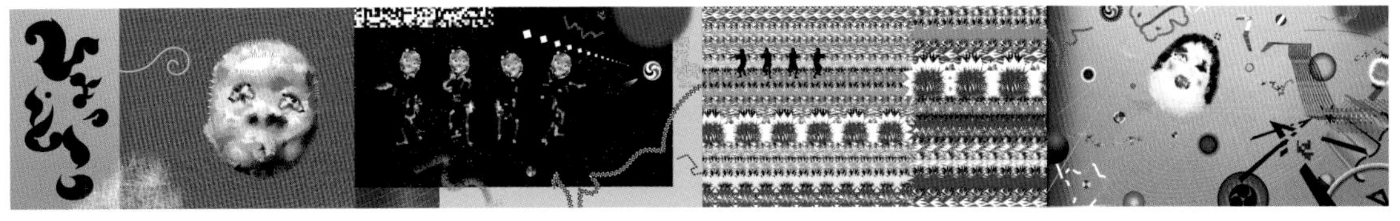

Motion Graphics / Personal Work -「OKAME & HYOTTOKO」(2019) Graphic Design / Motion Graphics: HARU

075/100

shuntaro

CATEGORY/ Brand Movie, MV, Web CM, Drama

BELONG TO/ bird and insect ltd
TEL/ +81(0)3 5355 7272
E-MAIL/ info@bird-and-insect.com
URL/ bird-and-insect.com

1985年、東京生まれ。京都工芸繊維大学で建築・デザインを学び、広告系制作会社を経てフリーランスへ。その後、bird and insectを立ち上げ、代表取締役を務める。2017年には日本のファッション写真史の研究で博士号も取得した。クリエイティブを論理的に行うことを信条としながら、クラフト的なディテールの詰めや感覚的な良さを活かすディレクションも大事にする制作スタイルで、広告の写真や映像制作はもちろんのこと、近年はMVやドラマの制作、作品の制作提供を行うことも多い。

Vertical SNS Drama - 上下関係W「終わらせる者」(2022) Cast :Tetsuji Tamayama, Amane Okayama, Ai Tominaga, Honami Sato, Naoki Tanaka, Towa Araki, Taichi Saotome, Theme Song: Ling tosite sigure「Marvelous Persona」, Planner: HITSUJI LABO: STORY LABO, Director of Photography: Daisuke Abe, Screen Writer: HITSUJI, Kosuke Nishi, Tomonao Sakurayashiki, Art Director: Tomonori Ito, Creative Producer: Kosuke Nishi, Producer: Kyosuke Hashio, Kazutoshi Makabe, Director: shuntaro, Production Company Cooperation: bird and insect ltd., Production Company: STORY LABO

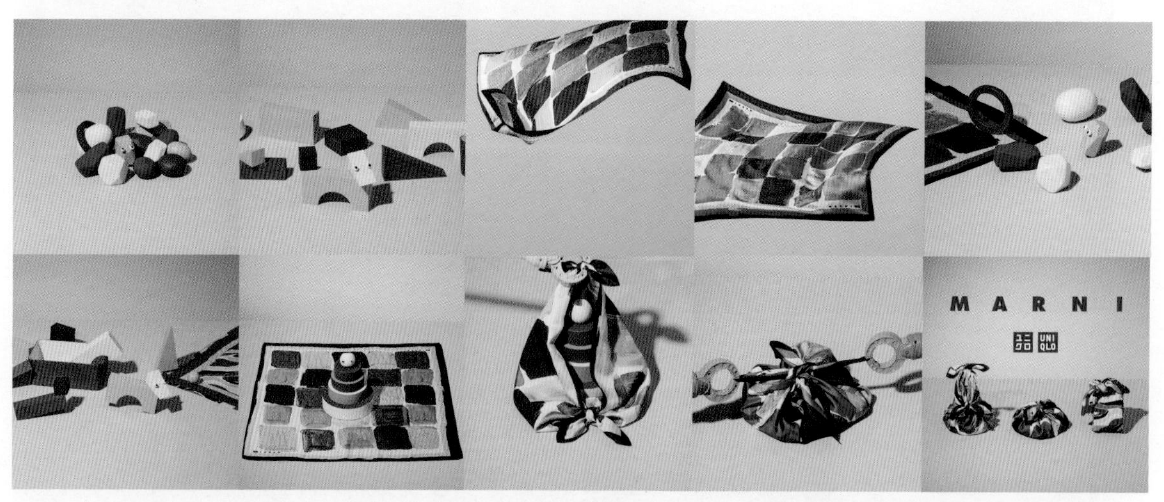

Web CM - 「シルクフロシキスカーフ」 by UNIQLO and MARNI W 2022 Collection (2022)
Client: UNIQLO CO., LTD., Agency: BASEFIVE PRODUCTION Inc. Image Director / Movie Director: shuntaro, Cinematographer: Daisuke Abe, Retoucher: Akko Noguchi, Editor / Colorist: Kyo Kuboyama, Prop Stylist: Ruri Hosokawa, Project Manager: Koki Mitani

076/100

芳賀陽平　Yohei Haga

CATEGORY/ MV, CM, Web

BELONG TO/ 合同会社Fu-10
TEL/ +81(0)3 6403 9285
E-MAIL/ info@fu-10.jp
URL/ fu-10.jp

1988年生まれ。音楽やファッションの映像制作を中心に活動。iri、SixTONES、JUBEEなどのMVやドラマ「大豆田とわ子と三人の元夫」のED／MVなどを手掛ける。AURALEEやTommy Jeans、Carne Bollenteなどのファッションムービーも制作。

MV - iri「friends」(2022) Director: Yohei Haga

MV - 佐藤千亜妃「タイムマシーン」(2023) Director: Yohei Haga

077/100

佐藤正樹　Masaki Sato

CATEGORY/ CM, MV, VJ, Brand Movie, etc.

BELONG TO/ veno inc.
E-MAIL/ masakisato@veno.jp
URL/ veno.jp

ブランド広告・CM・MVを中心に、ライブVJ演出・収録監督など、ジャンルを問わず活動。ダイナミックな視覚効果や光を用いたビジュアル・イメージ作りを得意とする。多くは監督・エディターとして、時には撮影監督やプロデューサー・カラリスト・VFXエディターとしても数々の作品に参加している。veno inc. 代表。

Web CM / Signage Advertisement -「ANAYI 23SS COLLECTION "For More Beautiful Elegance"」(©PERS Inc. / veno inc. | 2023)

Web CM / SNS Advertisement -「VOGUE JAPAN/GQ JAPAN × MARK & LONA "Time Traveler"」(©CONDÉ NAST JAPAN | 2022)

078/100

中澤 太　Tai Nakazawa

CATEGORY/ MV, CM, Live Movie, Documentary

E-MAIL/ tainakazawa22@gmail.com
URL/ tainakazawa.com

フリーランスとして東京をベースに活動する映像ディレクター。国内・国外で映像制作の経験を積み、現在MV、ドキュメンタリー、広告などの制作を行う。記憶に残るビジュアルワークと楽曲やブランド、被写体の持つ世界観を深く考察したストーリーテリングで描くことを強みとし、企画や演出方法において国や地域にとらわれないノンバーバルな映像表現を理想としている。

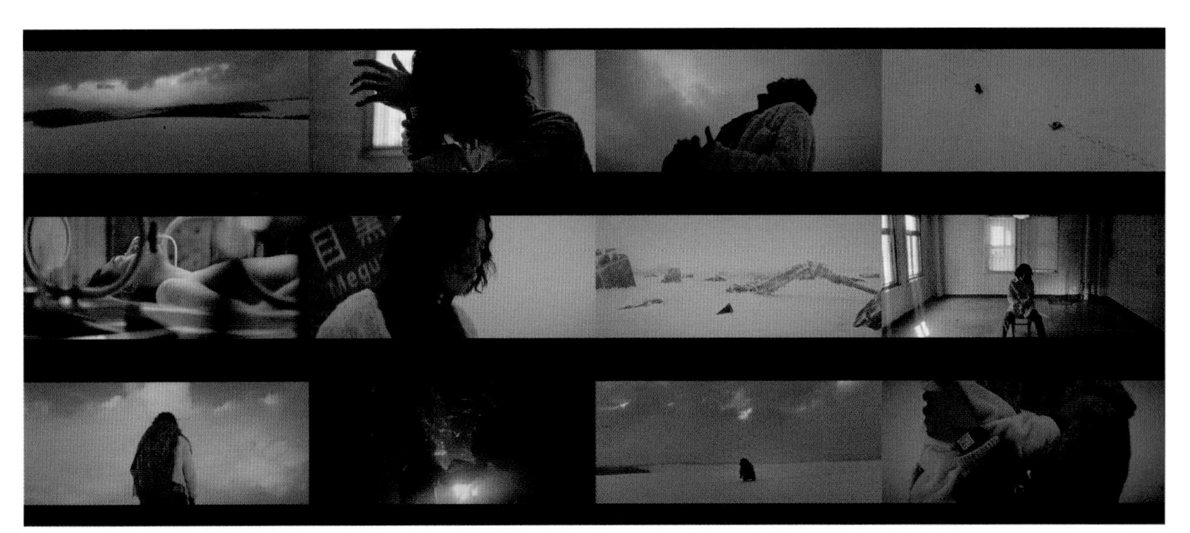

MV - Tatsuya Kitani「Planetes」(©Sony Music Labels Inc. | 2022) Director: Tai Nakazawa

MV - TOMOO「Cinderella」(©2023 PONY CANYON/IRORI Records | 2023) Director: Tai Nakazawa

079/100

瀬戸光拓也　Takuya Setomitsu

CATEGORY/ MV, Web CM, Fashion

TEL / +81(0)80 6146 5065
E-MAIL/ stmttky@gmail.com
URL/ stmttky.wixsite.com/my-site

1997年生まれ。大阪府出身。近畿大学国際学部中退。大学中退を機に幼少期から好きだった映画に興味を持ち、独学で映像制作を始める。現在は映画監督を目指しつつMVをメインにファッション、Web CMなどの制作を行う。最近ではKOHH、KEIJU、清水翔太などのアーティストのMVを手掛ける。起承転結のある展開や独特の世界観、映画のような没入感のある映像美を得意とする。

MV - KEIJU「I Get Lonely」(2022)
Starring: KEIJU, Iriya Take, Cameo appearance: DONY JOINT, Gottz, IO, MUD, Producer: Yuto Mochizuki (Steering Inc.), Director: Takuya Setomitsu, Assistant Director: Rai Kinoshita, Director of Photography: Yuki Ono, 1st AC: Jennifer Keruzore, 2nd AC: Satoru Fujita, Gaffer: Gen Kaido, 1st Gaffer Assist: Wataru Sugimura, 2nd Gaffer Assist: Maya Komori, Lin Tin, Colorist: Yuki Ono, Hair and Make: Minami Shirado, Stylist: Yuya Kanamori, Still Photography: Ryouji Yamaguchi, Production Manager: Manami Yoshida (Steering Inc.), Yayako Gushiken (Steering Inc.), Takaya Wakahata, Mikito Tsuha, Special thanks: Ryoma Kojima, Clothing: Floccinaucinihilipilification

MV - KOHH「No Makeup」(2021)
Director: Takuya Setomitsu, Producer: Yuto Mochizuki (Steering Inc.), Director of Photography: Kai Yoshihara, Editor: Takuya Setomitsu, Ryo Takahashi

080/100

木村優矢　Yuya Kimura

CATEGORY/ CM, MV, Web Movie

TEL/ +81(0) 90 6932 5490
E-MAIL/ yuyakimura15@gmail.com

1993年生まれ。群馬県出身。映像ディレクター本郷伸明氏に師事。モーションググラフィックスやアニメーション、コンポジットまでを自身で手掛けるディレクターとしてデビュー。MVやPVで培ったスキルをもとに、近年ではTVCMやWeb CMなどの広告案件で、企画・演出として参加することも多く、活動のフィールドを広げている。エフェクティブな映像表現やギミックを得意とし、独自の世界観を作り上げている。

TVCM -「Bar multibook」(2022)

Promotion Movie -「川崎ブレイブサンダース」(2022)

081/100

深尾映像研究室
Fukao Film Institute

CATEGORY/ CM, Web, Installation

E-MAIL/ fukao-inst-ml@ndc.co.jp
URL/ fukao.ndc.co.jp

映像監督／写真家の深尾大樹が主宰。2021年7月設立。主な仕事に、無印良品企業広告「気持ちいいのはなぜだろう。」TVCM、日本遺産人吉球磨ブランドムービー、外務省対外発信拠点JAPAN HOUSEコンセプトムービーなどがある。文化庁メディア芸術祭審査員推薦作品選出ほか、Canne Lions、ADC制作者賞、日経広告賞、読売広告大賞、朝日広告賞、交通広告グランプリ、APAアワードなど受賞。

TVCM - 無印良品のスキンケア「おしみなく、自然。」篇 (©Ryohin Keikaku Co., Ltd. | 2022)

Web -「AMUAMI Brand Movie」(©AMUAMI | 2022)

082/100

竹内邦晶　Kuniaki Takeuchi

CATEGORY/ PV, Experimental Film, Animation, Live Action

E-MAIL/ info@takeuchikuniaki.com
URL/ takeuchikuniaki.com

1980年生まれ。武蔵野美術大学卒業。教育機関やデザイン事務所にて映像制作、グラフィック・エディトリアルデザイン業務に従事したのち、2014年よりフリーランス。近年は、手作業による特撮とデジタル合成、コマ撮りと実写を掛け合わせたトリック映像を制作。ハイブリッドな手法とユーモアを交えた演出を軸に、ものの「動き」に焦点を当てた作品を展開している。主な仕事にHender Scheme「product videograph」。

PV -「THE NORTH FACE × Hender Scheme 4th collection」(©Kuniaki Takeuchi | 2022) Director: Kuniaki Takeuchi, Videographer: Kazuki Yamakura

PV -「THE NORTH FACE × Hender Scheme 3rd collection」(©Kuniaki Takeuchi | 2022) Director: Kuniaki Takeuchi, Videographer: Kazuki Yamakura

083/100

前川恭平　Kyohei Maekawa

CATEGORY/ CM, MV, Web

BELONG TO/ 株式会社 Alice
TEL/ +81(0) 90 3523 5363
E-MAIL/ kyohei.maekawa@aliceinc.co.jp
URL/ kyoheimaekawa.com

2013年よりフリーランスとしてTV番組のCG、デザイン、モーショングラフィックスを制作。2017年Aliceに所属。映像ディレクターとしてCMやMV、ショートフィルムの企画、演出を手掛ける。ユーモアとインパクトのある映像表現を心がけ、様々な手法とアイデアで、新たな魅力を引き出す。主な仕事にイオンカード櫻坂(CM)、NGT48「渡り鳥たちに空は見えない」Dance ver. (MV)など。

CM - 櫻坂46×イオンカード「チケット先行受付」篇(©AEON CREDIT SERVICE CO., LTD. | 2022)

MV - Ange☆Reve「BLOOMING RUNWAY」(©2023 ArcJewel, AquaLuna Entertainment Inc. | 2022)

084/100

グループん　GROUPN

CATEGORY/ MV, Fashion, Graphic Design

E-MAIL/ GROUPN2020@gmail.com
URL/ groupn.cargo.site

2020年結成。オルタナコレクティブ友達チーム「GROUPN」。MVやアートディレクション、舞台空間演出、アパレル制作などを中心に多岐にわたる活動を行う。

MV - PEOPLE1「DOGLAND」(2022)
Director: GROUPN, Animation: coalowl, CG: Yuya Utamura, Cinematographer: Hajime Yamazaki, Lighting Director: Ibuki Katagiri, Lighting Assistant: Kana Ohwatari, Ryo Minekawa, Stylist: Yuya Nakajima, Hair & Makeup: Manami Iwai, Hair & Makeup Assistant: coco, Production Designer: Shinsuke Kobayashi(elephantlive), Designer Assistant: Yukina Echizen, Miyuki Go, Shouta Uezu, Risako Kawamura, Shijo Ryu, Mayuko Katsura, Production Staff: Rei Takara, Producer: Kaishu Kamotani

MV - AAAMYYY「あの笑み feat. ano」(2022)
Director: GROUPN, Hair & Makeup: Hitomi Kanto(AAAMYYY), Styling: Masataka Hattori(AAAMYYY), Momomi Kanda(ano), House Building Staff: Ibuki Katagiri, Kentre Takagi, GON, Goku Noguchi, House Burning Staff: FIREMEN, Production Designer: Shinsuke Kobayashi(elephantlive), Producer: Kaishu Kamotani

085/100

保泉圭太　Keita Hoizumi

CATEGORY/ Commercial Film, Web Movie, MV, Narrative Film

E-MAIL/ contact@keitahoizumi.com
URL/ keitahoizumi.com

日本大学藝術学部映画学科監督専攻卒業。映像制作会社に入社後、ディレクターとして主にCM、Webムービー、MV、ショートフィルムなどを手掛ける。その後2019年よりフリーランス。役者ではない出演者を演出する経験を多く持ち、自然体で、美しい、感情的な瞬間を見つけ映像におさめることを得意とする。「視点を変えて考える」ことを常に心がけ人物の気持ちや空気感が伝わるよう丁寧に作り上げることを大切にしている。

Web Movie - Celvoke 2022 A/W「Surge of Energy "Butterfly Effect"」(© MASH Beauty Lab | 2022)
Director: Keita Hoizumi, Director of Photography: Akinori Ito(aosora), Art Director: Hirokazu Kobayashi (SPREAD), Music: Hiroki Saitoh

Web Movie - Celvoke 2022 S/S「New brightness with emotion」(© MASH Beauty Lab | 2022)
Director: Keita Hoizumi, Director of Photography: Akinori Ito(aosora), Art Director: Hirokazu Kobayashi (SPREAD),Projection: Tomoya Kishimoto, Music: Hiroki Saitoh, CG Director: Hiroshi Ouchi(WOW), Programmer: Yuta Nakano(WOW), Producer: Ko Yamamoto(WOW), Assistant Producer: Ken Ishii(WOW)

Web Movie, Brand Movie - 「SHISEIDO China 150th Anniversary R&D Video」(©Shiseido China | 2022) Director: Keita Hoizumi, Director of Photography: Daichi Hayashi (Tokyo), Lighting Director: Haruka Harazawa(Tokyo), Art: Shuhei Nakazawa, Hair and Make-up: Yuko Aika(W), Stylist: Shohei Kashima(W) , Music: Kuzuya Keisuke(YUGE inc), Producer: Kazuma Kimura(Lab.751 TOKYO), Production Manager: Takuma Iwatsubo (Lab.751 TOKYO),Production: Lab.751 TOKYO

086/100

マイ　Mai

CATEGORY/ MV

BELONG TO/ P.I.C.S. management
TEL/ +81(0)3 3791 8855
E-MAIL/ post@pics.tokyo
URL/ www.pics.tokyo/member/mai,
www.instagram.com/yasashimiyoshi

映像監督／ベーシスト。2000年生まれ東京都出身。日本大学藝術学部デザイン学科在学中から、スリーピースバンドCLAN QUEEN（元WARS iN CLOSET）での音楽活動と、MVを中心とした映像監督としての活動を始める。自身のバンドはもとより、「水曜日のカンパネラ」をはじめ様々なアーティストのMVを手掛けるほか、ジャンルを問わず様々な映像を手掛ける。現在も、映像監督／ベーシストの両軸で活躍中。

MV - 水曜日のカンパネラ「バッキンガム」(©Warner Music Japan Inc. | 2021)

MV - CLAN QUEEN「ヘルファイアクラブ」(©CLAN QUEEN | 2022)

087/100

大畑貴耶　Takaya Ohata

CATEGORY/ MV, CM, Web, Drama

BELONG TO/ 株式会社イサイ
E-MAIL/ ohata@isai-inc.co.jp
URL/ www.takayaohata.com

1994年兵庫県生まれ。大阪芸術大学映像学科卒業。株式会社イサイへ入社。CM、MV、ドラマなどで演出を手掛けるほかカメラマンとして撮影も行う。独特の視点や発見を演出に取り込み、枠に収まらない様々なジャンルの映像を制作する。

MV - PassCode「Freely」(2021) Director / DP: Takaya Ohata (isai Inc.), Production: isai Inc.

MV - WurtS「SWAM」(2022) Director: Takaya Ohata (isai Inc.), Production: isai Inc.

088/100

ナスティメンサー　Nasty Men$ah

CATEGORY/ MV,CM

E-MAIL/ management@super-market.co.jp

地元札幌で映像制作を開始し、2018年頃からフリーランスの映像作家として活動をしている。HIYADAM、JP THE WAVY、LEXなどHIPHOPアーティストのMVを数多く手掛け、菅田将暉×OKAMOTO'SやKAT-TUN、Creepy NutsなどといったメジャーアーティストのMVやBENETTONやHYSTERIC GLAMOUR、Calvin Kleinなど、ファッションブランドのイメージムービーなども手掛ける。

MV - HIYADAM「Dishhh! (feat. MonyHorse)」(2022) Director: Nasty Men$ah

MV - SALU「GOD LOVES YOU feat. AKLO & JP THE WAVY」(2022) Director: Nasty Men$ah

089/100

Miss Bean

CATEGORY/ CM, MV, Fashion, Artwork

BELONG TO/ 瀧本幹也写真事務所
TEL/ +81(0)3 5778 0011(瀧本幹也写真事務所内)
E-MAIL/ b_ikeda@mikiyatakimoto.com
URL/ missbeanbean.net

香港理工大学設計学部視覚芸術学科卒業。Miss Bean名義で活動開始。CM監督と写真家として香港と東京を拠点に活動。2017年香港青年設計才俊賞を受賞し、来日。瀧本幹也写真事務所での海外研修を経て、2020年より同社に所属（日本国内マネジメント）。広告写真をはじめ、グラフィック、エディトリアル、CM、MV、個人の作品集制作など幅広く手掛けている。香港での個展、2022年には日本でのグループ展に参加。

Fashion Video -「<POSSIBILITIES > Fashion movie for Vogue Magazine commissioned by CHANEL」(2021)
Director & Creative by: Miss Bean, Art Director: Kat Yeung, Project Director & Stylist: Inggrad Shek, Director of Photography: Jam Yau, Assistant Cameraman: Chris Lam, Producers: Carmen Cheng & Victor Wong, Set Designer: Victor Wong, Set Assistant: Don Mai, Fashion Assistants: Remki Tam, Moon Fong & Shane Chan, Makeup Artist: Heisan Hung, Hair Stylist: Cooney Lai, Manicurist: Koyi Lum, Video Editor: Sam Chan, Colorist: Fmlik, Sound Designer: Yuki Lovey, Art Designer: Sarene Chan, Translator: Joyce Lam, Narrator: Karen Cheng, Venue: Hong Kong Golf and Tennis Academy, Wardrobe: CHANEL 2022 SS & Coco Crush Fine Jewellery Rings

MV - にしな「夜になって」(2021) Director: Miss Bean, Production Manager: Jacky Lui, Zero Wang, DOP (nishina): Jam Yau, Assistant Camera: Kitada Yoshinobu, DOP (Cast): Felix Leong, Assistant Camera: Ken Mok, Gaffer :Tai Tsz Hin, Grip & Electrician: Li Hok Fun, Lo Siu Hong, Dancer Cast: RitaJJ , Ling Tse, Cast, Sabrina Cheung, Kennth Cheung, Wong Wai Chung Noise, Takuro Cheung, Stylist (nishina): Mana Yamamoto, Stylist (cast): Brun Chan, Stylist Assistant: Sammy Yeung, Hair Makeup (nishina): Eriko Yamaguchi, Make up(cast): Angel Mok, Hair (cast): Toyo Ho, Production Assistant: Larry Man, Kaho Jiu, Charles Ho, TFNG, Editor & Colorist: Phoebe Cheng @ BiiipType , Designer: Sarene Chan, Special thanks: Kenji, Yuki, Tenmou, Music & Lyrics: にしな , Sound Producer, Arranger, Bass & Piano: 横山裕章 (agehasprings), Guitar: 真壁陽平, Drums: 伊藤大地 , Recording & Mixing: 中村フミト (Endhits Studio), Mastering: Joe LaPorta(STERLING SOUND)

090/100

間宮光駿　Koshun Mamiya

CATEGORY/ MV, CM

BELONG TO/ YUKIKAZE
E-MAIL/tokyoyukikaze@gmail.com
URL/ instagram.com/yukikaze_tokyo
www.yukikazetokyo.jp

2001年生まれ。プロダクション「YUKIKAZE」総監督。登録者数80万人のグループYouTuberとしての活動を経て映像監督を志し、その後広告代理店に勤務する傍ら自身の作品制作を行う。2022年に独立しプロダクションYUKIKAZEを発足。主にMV、PV、グラフィックを得意とする。写真家のRK(小菅亮輔)と共にファッションブランドのプロモーション映像も多数制作している。

MV - 水曜日のカンパネラ「ティンカーベル」(©Warner Music Japan Inc. | 2022)
Director: Koshun Mamiya

MV - Billyrrom「Solotrip」(©SPYGLASS AGENT | 2023)
Dirctor: Koshun Mamiya

091/100

室谷 恵　Kei Murotani

CATEGORY/ MV, Web

BELONG TO/ koe Inc.
E-MAIL/ mg@koe-inc.com
URL/ www.keimurotani.com

幼少の頃よりカメラを扱い、学生時代から作品の監督を重ねている。MVでもその技術を活かし、絵作りにこだわった作品が評価されている。株式会社電通クリエーティブXにてプロダクションマネージャーとして広告映像の制作を経験した後、現在はMVや映画の企画及び演出を手掛ける。映像作家Pennacky作品の多くをプロデュースし、キャスティングでも参加している。

MV - マカロニえんぴつ「キスをしよう」(2022)
Vocal & Guitar: Hattori, Director: Kei Murotani, Cinematographer: Seiya Uehara, 1st: Yuki Maxima, 2nd: Satoru Fujita, Lighting Director: Akihito Kumano, Lighting Assistant: Yusuke Suzuki, Kazuya Yamada, Lighting Equipment: NIHONSHOMEI, Production Designer: Naomi Iwase, Production Design Assistant: Yu Kawakami, Atsuki Oriuchi Stylist (Hattori): Hayato Takada, Hair & Make up (Hattori): Kyoko, Stylist: Shodai Kitaya , Stylist Assistant: Shinkoshi Yukino, Hair & Make up: Miho Tokiwa, Offline Editor: Nozomi Sana, VFX Designer: UMA Otsuka, Colorist: Yoshiyuki Nishida, Cast: NOHARA /Ichie /HOSHI, Natsuki Makino /Ren Sato, Emi Vivian, Kojiro Endo, MIZUHA, Yuri Ohashi, Rio Ichikawa, Keijiro Asaka, Naoki Oguro, Kazuto Kimura, Aika Hakozaki, Casting: Yuuri Hasegawa, Kazuhiro Ishii, Title Design: Issei Matsuda, Production Manager: Rina Waki, Yuma Funakoshi, Producer: Yosuke Shigemura, Production: Headlight

MV - yonawo「tokyo feat. 鈴木真海子, Skaai」(2022)
Director: Kei Murotani, Cinematographer: Takuya Nagamine, Lighting Director: Kazuhide Toya, Stylist: Masataka Hattori (Hattori Pro.), Hair & Make-up: Mari Okuda, Narumi Maniwa, Offline Editor: Mayuko Niwa, Colorist: Haruhiko Takayama (L' espace Vision), Camera 1st Assistant: Shinnosuke Mizuno (Spice), Camera 2nd Assistant: Makito Kurogi (Spice), Lighting Assistant: Suda Yukinori, Stylist Assistant: Midori Namekata, Colorist Assistant: Anna Fukasawa (L' espace Vision), Kazuya Fujikake (L' espace Vision), Transport: Junichiro Ikuta, Production Manager: Kosuke Yamashita (Hattori Pro.), Producer: Shun Ikeda (Hattori Pro.), Guardian: Takanobu Oki (Hattori Pro. / KASSEN), Production: Hattori Pro.

092/100

村田実莉　Minori Murata

CATEGORY/ CM, MV, Web, Fashion

E-MAIL/ minorimurata12@gmail.com
URL/ minorimurata.wiki

アートディレクター／ビジュアルアーティスト。逆説的なシチュエーションをもとにネイチャーとデジタルを融合した現象的なビジュアル表現を行う。ラフォーレ原宿、PARCOなどキャンペーンビジュアルや映像の他、imma天@DIESEL ART GALLERYのキービジュアルと会場アートディレクションを担当。2019年インドに滞在。「盗めるアート展」にて、偽クレジットカード作品「GODS AND MOM BELIEVE IN YOU」を出展。2020年よりKOM-Iと「HYPE FREE WATER」を開始。東京のアーティビズムを刺激するビジュアルアートとして、環境と水をテーマにした架空の広告を制作。

Fashion Movie - キコキカク「AGE 2000 -FIGHT GAME version-」(©キコキカク製作委員会 | 2021)
Creative Director: Shun Watanabe, Art Director & CGI & Editor: Minori Murata, Videography: Atsuki Ito, Photographer: Bungo Tsuchiya, Styling: Shun Watanabe, Masako Ogura, Hair & Make up: Rie Shiraishi, Takeru Urushibara, Haruka Tazaki, Manicure: Eichi Matsunaga, Tomoya Nakagawa, Music: YAGI, Producer: Mamoru Murai, Starring: Kiko Mizuhara, ARIA, Aya Gloomy, 夏秋カミル, Karu Miyoshi, Yiqing

Fashion Movie - 「池袋PARCO 2022 AUTUMN SELECTION」(2022)
Starring: Kemio, Art Director: Minori Murata, Director of Photography: Koretaka Kamiike, Lighting Director: Yuki Maeshima, Set Designer: lena sasakura shockley, Art Department Assistant: Kazushige Kochi, CHENG HANYI, Stylist: Tetsuya Nishimura, Hair and Make up: Itatsu, CGI / Edit: Minori Murata, Colorist: Hajime Kato, Music: YAGI, Project Management: Takahiro Inoue, Producer: Rina Ellingham, Production: Hype Free Water

LIVE ACTION

093/100

INTERVIEW WITH

MESS

CATEGORY/ MV, Documentary, Live Recording

LEXやJP THE WAVYなどヒップホップアーティストのミュージックビデオを多く手掛け、コレクティブ「RepYourSelf」としても活動するビデオディレクター・MESSこと召田湧真。幼少期から得意だった絵を活かして仲間の音楽をビジュアル面から支えてきた召田は、ある時から遊びで撮ったミュージックビデオに映像ならではの面白さを見出していく。それからわずか数年。急成長を遂げたキャリアに、本人はどのような思いを抱いているのだろうか。

——まずは、ヒップホップとの出会いから教えてください。

小学校低学年のときに家族で行ったカラオケで、両親がZeebraさんとかスチャダラパーさんを熱唱していたのが最初だったかなと思います。両親は家でも聴いていましたし、この頃から兄がラッパーとして活動し始めていて、家に兄が出演するクラブイベントのフライヤーがあったり、自分の周りにヒップホップが当たり前にある幼少期でした。ただ、小中学生の頃はそこまでヒップホップ好きではなくて、それよりも絵を描いたり、漫画を描いたりするほうが好きな、インドア派の少年でしたね。

——ヒップホップの前に、絵や漫画への興味があったんですね。

基本的には毎日何かしらの絵を描いていました。中学生になると本格的に漫画を描き始めて、勢いで少年ジャンプの編集部に持ち込みをしたこともあります。絵を描くのが生活の中で一番楽しいことだったので、将来は絵を仕事にできたらとずっと思っていました。

そのことを高校の美術の先生に相談すると、大学でグラフィックデザインを学んだほうが仕事に結びつく可能性は高まるとアドバイスしてもらって。そこから絵への創作意欲をみんなとの遊びだったヒップホップに組み込んでいくようになりました。

——映像制作を始めたのもそうした流れからでしょうか。

そうですね。大学でグラフィックデザインを学びながら、ヒップホップをやっている友達のジャケットやフライヤーのデザインを手伝っていたのですが、曲を聴いてビジュアルを想像することがとても楽しくなって、映像でもやってみたいなと。それでラッパーの友達と原宿を一日中歩いて、iPhoneでピンときた風景を撮影して、iMovieで編集していって。そんなふうに遊びの延長でミュージックビデオを作っていたのが、徐々に友達の友達へと広がっていったという感じです。仕事として制作できるようになったのはここ2、3年ぐらいでしょうか。

——仕事として制作した最初の映像作品は?

LEXの『Loyalty』という曲のミュージックビデオです。制作会社の方と一緒に映像を作るのは初めてだったのですが、すごくいい評判をいただき、この作品から映像の依頼が増えていきました。それまでは自分の想像の範疇の画しか撮れませんでしたが、第一線のスタッフの方たちと一緒に作ると予想を超える撮れ高があって、それがめちゃくちゃ楽しいですね。

——映像は独学で学んだのですか?

厳密に言うと、大学でちょっとした映像の授業を受けていたのですが、その頃にはYouTubeでチュートリアルを見てPremiere Proなどのソフトは使えるようになっていました。基本的なスキルはほとんどYouTubeですね。

より深い意味で学んだという意味では、1年ほど前に木村太一監督のアシスタントとして、ドキュメンタリー映像の制作に携わらせてもらったのがすごくいい経験になりました。ミュージックビデオでは音楽に映像をどう当てはめていくかを軸に考えますが、ドキュメンタリーでは話の流れや構成を考えながら、あるべき映像を検証する必要がある。そうした一連の手法を現場で学べたことは、自分のキャリアにとっても貴重な時間

BELONG TO / RepYourSelf
E-MAIL / mesudayuma@gmail.com
URL / mesudayuma.com

1996年生まれ。埼玉県川口市出身／在住。ビデオディレクター／グラフィックデザイナー。RepYourSelfのメンバー。日本のヒップホップシーンを主軸としてMV、ドキュメンタリー、ライブ収録のディレクションを行う。また、ジャケットアートワークやイベント告知ポスターのデザインも手掛ける。主な仕事にSEEDA、BES、MONJU、WILYWNKA、LEX、JP THE WAVY、¥ellow Bucksなど。また、星野源や藤井風らヒップホップシーン外のアーティストの作品も手掛ける。

だったと思います。

——ヒップホップカルチャーからのインスピレーションは、たとえばメジャーアーティストとの仕事でも活かされることはありますか？

それはすごくあります。もともと友達とワイワイしながら作ってきたことが自分の感性を育てたと思っていて、その感性を使った作品がメジャーシーンにも貢献できるというのは、あの頃一緒に遊んでいたみんなのおかげだし、嬉しいです。具体的なところだと、ヒップホップのミュージックビデオにおける重要なポイントとして、映像でもノレるような、音のグルーヴを殺さない映像という大前提があって。編集やカット割りも含めて、これは今後どんなアーティストを撮ることになっても大切にしたいと思っています。

——企画を練る際のルールや共通点があれば教えてください。

最初に曲を聴いた瞬間に、パッと「こういう映像が合いそう」とイメージはできるんですが、僕は心配性なところがあって、そのファーストインプレッションをこねくり回してしまうんです。もっといろんな可能性があるんじゃないかと探ったり、この表現は誤解される懸念があるんじゃないかって、与えられた期間はずっと悩む。

迷った結果、少し改変して提案するのですが、そういうプランは通らないことが多いんですよね。それどころか、最初にイメージしていた案をアーティスト本人から「こういうのもありじゃない？」と言われることもあって。後出しジャンケンだけど「それ、企画書には書いてないですけど、実は最初に思いついたアイデアなんです」みたいなことが何度かあったんです。なので最近は直感を信じて、最初に思いついたアイデアを迷うことなく提案できるようにしていきたいと思っています。

——ご自身が作家としてユニークな点はどこにあると感じますか？

とくにメインストリームのミュージックビデオには、緊張感のある映画のような素晴らしい作品がたくさんあります。そうした作風に憧れはありつつも、自分にはそのために必要な知識やセンス、経験が足りていないとも自覚していて。言ってみれば、ちゃんと勉強している人じゃないと撮れない。でもだからこそ、より視聴者に近い感覚で、楽しさや親しみやすさで勝負していこうという意識があります。クールでスタイリッシュというよりは、キャッチーな路線のほうが自分の持ち味やキャラクターを活かせるんじゃないかなとは思います。

——今後、どのような映像に挑戦したいですか？

これまでミュージックビデオを撮ってきて、編集の際に使いたくなったり、撮影前に撮りたいと思う画のポイントが「表情」にあると最近気づいて。演者には自分のイメージする世界を演じてほしいというより、その場でしか出せない表情を出してほしいんですよね。そして、その表情には監督と演者との関係性や現場のスタッフの雰囲気も関係してきます。極端に言えば、グラフィックデザインはソフトでトレースすれば再現可能ですが、その瞬間にしか出なかった表情は他の監督には再現できないわけで。

振り返ると、路上で遊びながら撮っていたときに映像を面白いと思ったのも、イレギュラーなものが撮れたり、偶発性のある作品が作れるところにあった気がします。作り込んだものを撮るのではなく、その場の空気を記録する。その瞬間にしかなかった何かを別の場所へと運んだり、みんなが観れるものにできるというのが映像の持つ可能性だと思います。そういう意味では、ドキュメンタリーを作りたい思いもありますし、ライブのような生のものをどう見せるかといった方向も挑戦してみたいですね。

MV - 藤井風「まつり」(2022)

MV - 星野源「喜劇」(2022)

MV - WILYWNKA「That's Me」(2022)

MV - LEX「GOLD」(2021)

094/100

小島央大　Oudai Kojima

CATEGORY/ Movie, MV

BELONG TO/ 合同会社OUD Pro., TOKYO FILM株式会社
TEL/ +81(0) 90 4186 7131
E-MAIL/ tomoko.maruyama@tokyo-film.com (Mg)
URL/ www.oudaikojima.com

1994年神戸生まれ。3歳で渡米しニューヨークに10年滞在した後に静岡で中高を過ごす。東京大学工学部建築学科を卒業後、山田智和監督の下で1年半、アシスタントを務める。その後、初長編映画『JOINT』を撮影、全国公開を果たす。同作は、ニューヨークやオランダなどでの映画祭で上映され、国内では新人監督作品150作以上から、2021年度新藤兼人賞銀賞を受賞。現在も次作長編映画を鋭意企画中。映画のほかにMVやCMなどの映像制作に多数関わっている。

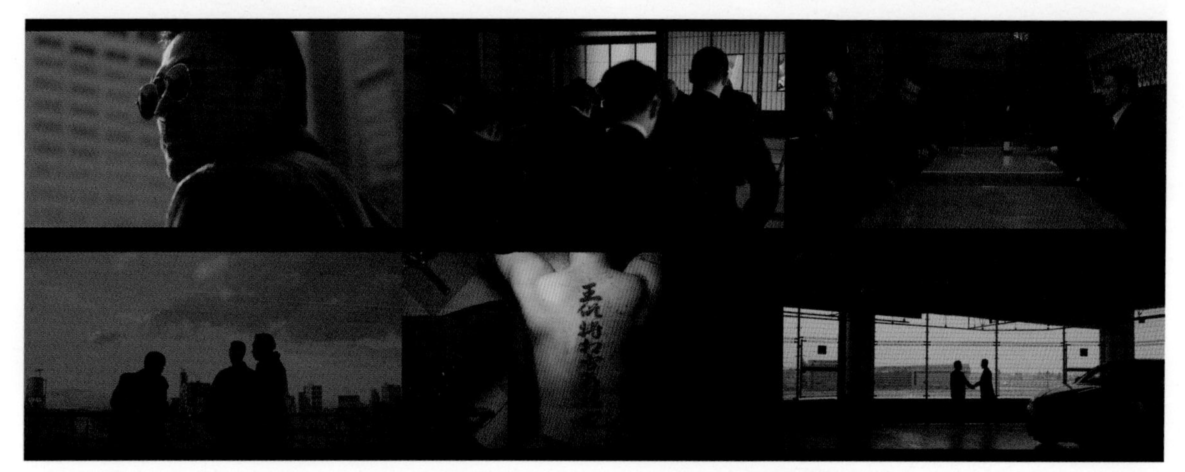

Movie -『JOINT』(©映画『JOINT』製作委員会/小島央大 | 2020) Director / Editor / Color Corrector: 小島央大 (国内劇場公開：2021年)

MV - BUMP OF CHICKEN「Small world」(©TOY'S FACTORY INC. | 2021) Director / Editor: 小島央大

095/100

UMMMI.

CATEGORY/ Movie, Short Film, MV

E-MAIL/ ummmi.81@gmail.com
URL/ www.ummmi.net

アーティスト／映像作家。愛、ジェンダー、個人史と社会を主なテーマに、フィクションとノンフィクションを混ぜて作品制作をしている。shiseido art eggに入選、北九州のキリスト教会を記録した個展「重力の光」開催。同作品を長編映画化したドキュメンタリー映画『重力の光：祈りの記録篇』が第14回恵比寿映像祭にてプレミア上映。初長編映画『ガーデンアパート』、東京藝術大学の卒業制作『忘却の先駆者』がロッテルダム国際映画祭に選出。英国の現代美術賞Bloomberg Contemporary入選。現代芸術振興財団CAF賞岩渕貞哉賞受賞など。

Movie -『重力の光：祈りの記録篇』(2022) Director: UMMMI.

EXPERIMENTAL

096/100

INTERVIEW WITH

Akiko Nakayama
中山晃子

CATEGORY/ Visual Art

様々な要素を持つ材料を反応させ、一度限りの色彩を生み出す「Alive Painting」で知られる画家・中山晃子。2010年頃からオルタナティブシーンのミュージシャンと共演を重ね、近年ではアルスエレクトロニカやMUTEK Montrealにライブ出演。また2022年にはピアニスト・澤渡英一と制作した映像作品「泡沫の形」を発表するなど活躍の場を拡大している彼女に、現出と消滅を繰り返す極小の世界に魅了された道のりを尋ねる。

——中山さんがAlive Paintingを始めてから、どのくらい経ちましたか。
2009年頃から始めたので、10年以上は経っていますね。今はバージョン9くらいになりました。きっかけは、東京造形大学の同じ絵画専攻にいたDJの友人とダンサーの友人に誘われて始めたライブペイントです。最初は今よりも広い範囲の手元を映していたのですが、カメラやプロジェクターを変えていくなかでどんどんクローズアップされ、今は名刺よりも小さな範囲になっています。

Alive Paintingの進化においては、ある映像技師の方との出会いが大きな契機でした。万博などで、スライド映写機を100台ほど繋げてプロジェクションマッピングを行ったこともある経験豊富な方なのですが、彼にキャンバスに傾斜をつけたり回転させられる“ムービングステージ”を作っていただいたんです。私自身がパフォーマーとしての修練を積み、一方には人間の身体の延長としての道具を作る職人さんがいる。この両軸で改良を重ねてきました。2人で未知のライブペイントの表現を目指して冒険した10年間でもあったと思います。

——微細な現象を拡大することへの興味はどこから湧いてくるのでしょうか？
日常生活で触れる刺激を立ち止まってよく見てみたい、という思いが強くあるのだと思います。ただ小さければ小さいほどいいというわけではなくて、よく見ると気づくけど、なんとなく見ていたら気づかない——人間と目と脳で知覚できる、この絶妙な境目にフォーカスしたい。絵を描く中で起きる現象の一部を抽出し、その現象に注意を向けることで、何かに気づくことができる。そういう状態が楽しいです。

——物理現象を扱うさまは科学者のようでもあります。
なぜこの形状の泡が現れたのか、文献にあたって科学的な観点から納得しようとすることは多いですね。条件を整えてライブにフィードバックしてみることもあります。物理現象の揺るがない理と、画家がそれに触れて表情を乱すこと、そうして誰も知らない絵の様相に向かって描き歩いていくのが、私にとってのライブペイントです。

一方で、コミッションワークやミュージックビデオといった大人数のクリエーションに関わるときは、冒険に同行する案内人のような役割を担う意識でいます。一人で未踏の地に進むのではなく、目的地に全員が向かえるよう流動の道を作る感覚です。ほかにも、すでに世界観が確立されているアイドルやミュージシャンの美術として参加するときには羽衣を作るような感覚だったり、プロジェクトによって自分の役割がどうあるべきか考えています。

——初期の活動は音楽シーンとも近かったのでしょうか？
2010年代前半は、即興演奏のジャズミュージシャンの方とよくライブパフォーマンスをしていました。そのなかで、ワクワクするようなセッションをする方はソロも緊張感があってかっこいい、ということに気づいて。そこで、自分もソロでパフォーマンスをできるようになろうと、2015年あたりからソロパフォーマンスに力を入れていきました。その結果、活動の

E-MAIL / akiko@akiko.co.jp
URL / https://akiko.co.jp

画家。液体から固体まで様々な材料を扱い絵を描く「Alive Painting」というパフォーマンスを行う。あらゆる現象や現れる色彩を、生物や関係性のメタファーとして作品の中に生き生きと描く。様々なメディウムや色彩が渾然となり変化していく作品は、即興的な詩のようでもある。近年の活動はArs Electronica Fes(リンツ)、MUTEK(モントリオール)など。

幅がニューメディア・アートの領域へと広がり、また一周して美術の現場に戻ってきたというのが大きな流れです。今振り返ると、最初に即興演奏のジャズの現場にいたことが、私の活動や作家性の下地を作ったように思います。

——絵の具を定着させるのではなく、流動的に扱うことに関心があったのは昔からだったのでしょうか。

小さい頃に、道ばたの植物をスケッチしていたんですね。その植物は茎が赤と緑でできていて、私は色鉛筆で見えるままに、根元から赤く、葉っぱのほうからは緑で塗っていった。そうして茎の中で赤と緑が混ざりあったとき、何とも言えない植物の匂いを感じたんです。「あ、これは本物よりも本物の匂いがする絵ができた」という、植物を描くことのリアリティーが生まれた瞬間の記憶が今も残っていて。あの絵から、流動の中で色彩を持つものへの関心が生まれました。

——流動の中で色彩を持つ、ですか。

植物には枯れている状態もつぼみの状態も、艶やかに花を咲かせる状態もあり、どこを切り取っても別々の美しさを感じることができます。きっと私は1コマ1コマを抽出しながら、その美しさを味わいたいという気持ちが強くあって、そこがAlive Paintingと合致しているんだと思います。瞬間瞬間の1コマを描き続けることで、映像になっていく……そんな意識で絵を描いたり、花を見たりしているというか。

——作品を映像化する際に意識していることはありますか?

映像作品はライブよりもずっと難しいですね。昨年は「泡沫の形」という、ライブで描いてきた中で現出した小さい泡のあらゆる場面を編集した作品を1年かけて上映してきました。絵巻物にあるような時間的な感覚を取り込もうという試みでしたが、まだまだ解釈が必要かなと。ライブにあるフレッシュさを、いつでも再生可能な映像という媒体に宿すには特殊な技能が必要なんだと、単純ですが痛感しました。

——ライブ会場と携帯では映像のサイズが随分と異なります。作品の視聴環境をコントロールできない点はどのように考えていらっしゃいますか。

外部の要素が入り込むことは作品にとっても面白いことだと思っています。昔はセミの細密画を描くのがすごく好きだったんですけど、紙の中を自分が描くものだけが100%支配するという感覚に行き詰まった時期がありました。ところが、泡や水の振る舞いを作品の要素として取り入れたとき、自分以外の存在との共作によって作品が作られていくことで、そうした頑なさがほぐされていったんです。個々のモニターや再生環境については可能な限り手を打つ必要はありますが、不確定要素が入り込む面白さにも柔軟にありたいし、それぞれの魅力を感じていきたいです。

——中山さんの場合、こうした不確定要素も含めて自分の作品としていくこと自体が作家性と言えるのではないでしょうか。

確かにそうですね。例えば、誰かが私と同じ絵の具とカメラを使って、同じセットアップで作品を作ったとしても、私と同じ作品にはならないはずです。その瞬間に線を走らせるか、現れた泡をフレームインさせるか、させないか。その判断一つひとつに作家性が宿っているし、どのようにそのライブの時間に触れ、現象を解釈するのかにこそ、作家性が表れると思います。

——今後も映像作品には積極的に取り組まれるつもりですか。

そのつもりです。作者がその場にいないことで、鑑賞者と作品の間にだけ流れる、秘密で自由な時間の良さもすごく感じているので、今後も作品を磨いていきたいです。ただ、ライブにはお客さんと向き合って、私がいるからこそみずみずしい状態で届けられるという良さもあります。両方の良い点を活かしながら、時間の中に宿っている生命観を伝えていけたらと思っています。

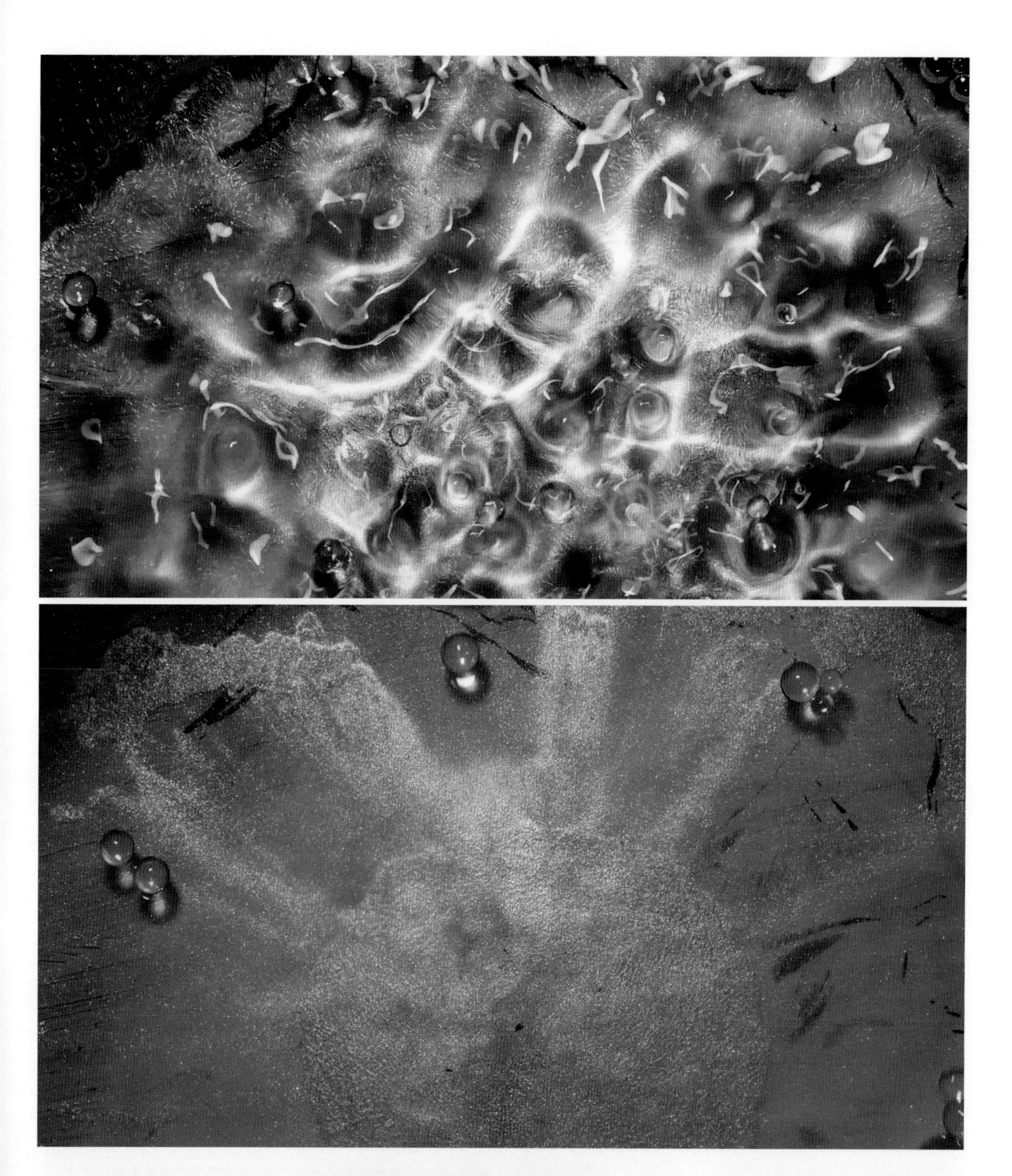

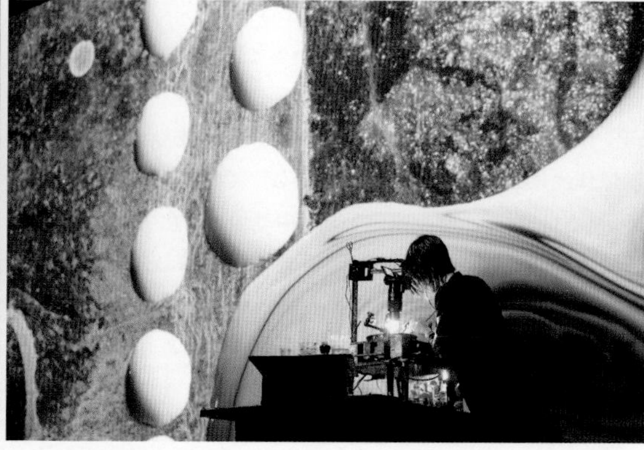

Left Page
Installation -「この滴に名前をつけて」(2022)
Live -「GEZAN」(2021) Photo: Taro Mizutani
Live -「Alive Painting Solo Performance at MUTEK JP 2019」(2019) Photo: Haruka Akagi

Right Page
「Alive Painting」

097/100

古澤 龍　Ryu Furusawa

CATEGORY/ Video Installation, Experimental Film, MV

TEL/ +81(0) 90 4241 1695
E-MAIL/ ryu.furusawa@gmail.com
URL/ ryufurusawa.com

東京藝術大学大学院映像研究科修了。写真や映像などのイメージメディアに対して、時空間を組み替えるコンピューテーショナルな操作や、イメージ定着プロセス自体へのフィジカルな介在により、リアリティの条件をずらしていくような制作手法を用いる。そこに生じるズレから、時間や空間の認識に内在する身体感覚といったテーマにフォーカスしている。また、2017年からはアーティストコレクティブ「ヨフ」としても活動する。

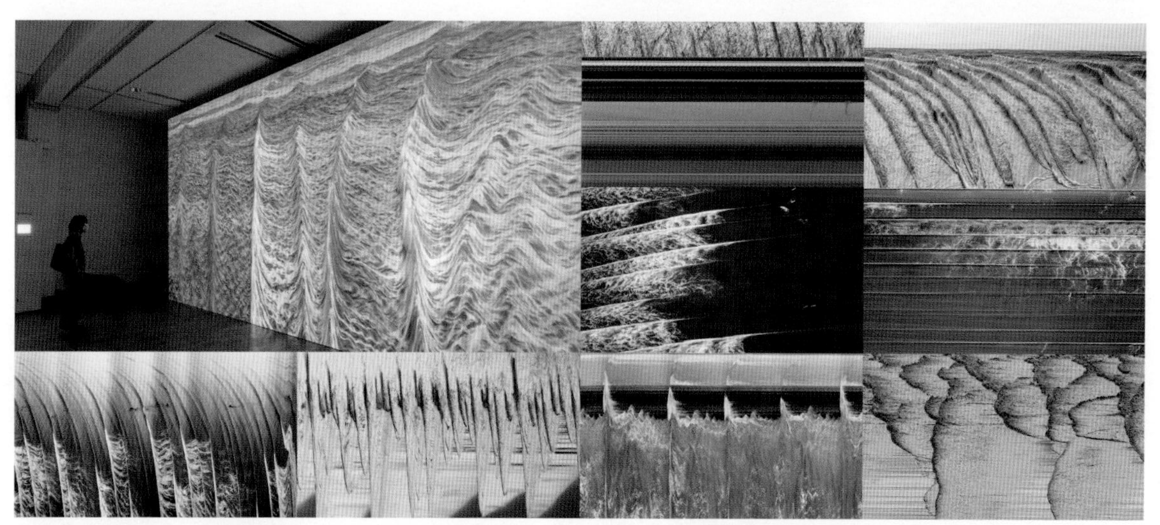

Experimental Film -「Waves Etude」(©Ryu Furusawa | 2020-) Director: Ryu Furusawa

MV - 柴田聡子「雑感」(©AWDR/LR2 | 2022) Director: ヨフ(古澤龍, 大原崇嘉, 柳川智之)

098/100

五反田和樹　Kazuki Gotanda

CATEGORY/ MV, Web Movie, Live Movie, Title Design, etc.

BELONG TO/ 株式会社シグノ
E-MAIL/ info@signo-tokyo.co.jp,
filmout.info@gmail.com
URL/ filmout.jp

1981年広島県生まれ。映画作家を目指し、映像制作をメインとして平面なども手掛ける「filmout」として2007年に独立。技法として平面、映像、文章などのコラージュを用いるがコラージュ自体が目的ではなく、自身のアーティストステートメントをもとにあくまでも「主観と客観の齟齬」や「認識の外側」などをテーマとしている。実写との融合や新しい表現を模索しながら制作を続けており、撮影以外はほぼ単独で個人主義的な進行。

MV - Creepy Nuts「堕天」(2022)
Director / Editor / Collage Art: Kazuki Gotanda (SIGNO) , DOP: Yoshiaki Sekine (SIGNO), Stylist: Takuma Kano, Hair & Make-up: Yoko Fujii, Lighting: Yasuhiro Oote (Light Up), Wire Action: Studio Wild, Producer: Yusuke Kuwabara (SIGNO), Production Manager: Akihiro Ida (SIGNO), Production: SIGNO

Signage - 「Jumpin' Shinjuku Flags」(2022)
Cast: SAKURA, Creative Director: Tomokazu Yamada, Director / Collage Artist: Kazuki Gotanda(SIGNO), Cinematographer: GAKU, Lighting Director: Shuhei Yamamoto, Hair: Yamakata Tetsuya(SIGNO), Make: Chifumi(SIGNO), Stylist: Hiromi Takeuchi(SIGNO), Music: Hercelot, Producer: Kosei Manabe, Production: TOKYO FILM

099/100

齊藤公太郎　Kotaro Saito

CATEGORY/ MV, Web Movie, Installation

TEL/ +81(0) 90 6379 3861
E-MAIL/ kotarosaito.11@gmail.com
URL/ kotarosaito.jp

映像作家／ディレクター。1996年生まれ。多摩美術大学情報デザイン学科メディア芸術コース卒。太陽企画株式会社を経て、2021年よりフリーランス。実験映像のようなギミックを用いた視覚表現や、色彩・構図に拘りながらもミニマルな演出を軸に、主にMV、プロモーション映像、インスタレーションなどの制作を行う。

MV - Kabanagu「想像上のスピード(Amazon Original)」(2022)
Director / Editor: Kotaro Saito, Cinematographer: Naoki Takehisa, Hina Shibata, Gaffer: Yukinori Suda, Assistant Director: Koji Kushimoto, Project Manager: Miyu Takahashi, Yurie Okazaki, Kohei Matsubara, Graphic Designer: ma.psd, Title Design: Naoki Takehisa, Special thanks: Kabanagu

Album Trailer - Kabanagu「ほぼゆめ」(2022)
Director / Cinematographer / Editor: Kotaro Saito, 3DCG Designer: Shibashin, Assistant Director: Koji Kushimoto, Title Design: Naoki Takehisa, Driver: Carlos Toshihiro, Yamamoto Filio

MV - まん腹「おひっこし」(2021)
Director / Cinematographer / Editor: Kotaro Saito, Cinematographer: Naoki Takehisa, Project Manager: Ryota Kuroki, Driver: Carlos Toshihiro, Yamamoto Filio, Special thanks: Nayuta, Takaya

100/100

野村律子　Ritsuko Nomura

CATEGORY/ TV, CM, Web, MV, Short Movie, Video Installation, Event

E-MAIL/ info@ritsukonomura.com
URL/ ritsukonomura.com

映像作家／ディレクター。武蔵野美術大学空間演出デザイン学科卒。パリ国立美術大学（ボザール）修士卒。米国でTV番組／ブランドPR／CMなどのCG制作を経て、現在は東京にて映像の企画・演出・制作を行う。主な作品に、ならべうた、Eテレ「デザインあ」、「テクネ」など番組内映像、六本木アートナイト映像インスタレーション、BE:FIRSTのMVなどがある。ADFEST銅賞、BOVA準グランプリ、EU-日本デザイン・コンペ入賞など。多摩美術大学統合デザイン学科非常勤講師。

Video Installation - デザインあ展 展示用作品「あの手この手」(2018)

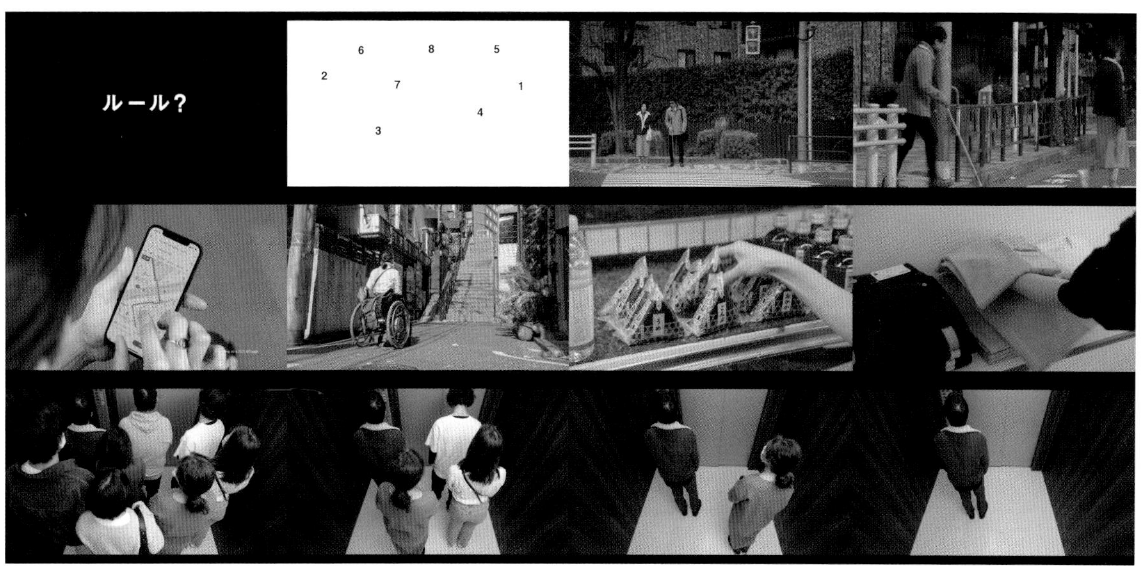

Exhibition - 21_21 DESIGN SIGHT「ルール？展」展示用作品「ルール？」(©THEATRE for ALL ALL Rights Reserved. | 2021)

001/100

AC部 AC-bu

CATEGORY/ MV, CM, Short Movie

BELONG TO/ INS Studio
E-MAIL/ info@ac-bu.info
URL/ www.ac-bu.info

1999年に結成されたクリエイティブチーム。MV、CM、Webなど、様々な媒体で斬新で実験的な作品を発表し続けている。2014年高速紙芝居「安全運転のしおり」が第18回文化庁メディア芸術祭審査員推薦作品に選出。2019年Powder「New Tribe」がアヌシー国際アニメーション映画祭の受託部門にノミネート。2019年度より京都芸術大学客員教授。2020年クリープハイプ「愛す」が第24回文化庁メディア芸術祭審査員推薦作品に選出。

TV -「ボブネミミッミ」(©大川ぶくぶ/竹書房・キングレコード ©AC部 | 2022)

CM - 日清食品ホールディングス カップヌードル味噌 TVCM「MISO 食べたい」篇(2022)

002/100

安藤隼人　Hayato Ando

CATEGORY/ CM, Web CM, MV, Installation, Short Film

BELONG TO/ P.I.C.S. management
TEL/ +81(0)3 3791 8855
E-MAIL/ post@pics.tokyo
URL/ www.pics.tokyo/member/hayato-ando,
hayatoandy.com

De Anza College Film（カリフォルニア州）Animationコースにて CG・アニメーションを学び、2005年P.I.C.S.入社。2016年よりフリーとなりP.I.C.S. management所属。CM、MV、インスタレーションなど媒体を問わず活動。企画からの参加も多数。実写とCGの組み合わせを駆使したダイナミックなカメラワークなど、映像ギミックを効果的に採用した演出を得手としている。

MV - 日向坂46「僕なんか」(©Seed & Flower 合同会社 | 2022)

Web CM - Uber Eats「おうちポテト、どう食べる?」篇(©Uber Eats | 2022)

CM / Web CM - 求人ボックス「夢の中へ」STUTS feat. 安部勇磨 (never young beach) (©Kakaku.com, Inc. | 2022)

MV - Uru「脱・借りてきた猫症候群」(©Sony Music Labels Inc. | 2023)

MV / Web CM - Creepy Nuts「Lazy Boy」(©Sony Music Entertainment | 2021)

Large Vision Image - FC東京 2023 選手紹介映像(©Tokyo Football Club Co., Ltd. | 2023)

003/100

新井風愉　Fuyu Arai

CATEGORY/ TVCF, Web Movie, MV, Exhibition Video

BELONG TO/ 株式会社ロボット
TEL/ +81(0)3 3760 1282
E-MAIL/ robot-director@robot.co.jp
URL/ araifuyu.com, robot.co.jp

武蔵野美術大学映像学科卒。大学在学中より短編映像作品を作り始め、自主制作「PLAY」はキヤノンデジタルクリエーターズアワードグランプリ受賞。2002年株式会社ロボット入社。CM、Webムービー、MVなど、ジャンルを問わず、映像全般の演出を手掛け、数々の賞を受賞。2016年よりフリーランス（ロボットマネージメント）。

Opening Movie, TV Drama Opening Title, Stop Motion - NHK 連続テレビ小説『舞い上がれ』オープニング映像(2022)

Event, 2D Animation, Installation - PLAY! MUSEUM junaida展「IMAGINARIUM」展示風景(2022)

004/100

ビーチ　Beach

CATEGORY/ Motion Graphics, TVCM, Web CM, TV Program OP, Promotional Movie, MV, GIF

E-MAIL / info@beach-inc.com
URL / beach-inc.com

グラフィックとモーショングラフィックスのデザイン・演出を中心としたデザインスタジオ。岡本一宣デザイン事務所、文平銀座を経て浜名信次が2011年設立。2014年、モーションデザイナーの濱本富士子が加わり、映像領域での活動を開始。主な仕事に、SUNTORY「Honto？2分くらいでわかるOh！水の話」、TOYOTA BLOCKCHAIN LABのPR動画、三井化学「VISION 2025」の演出・デザイン・モーションデザインなど。

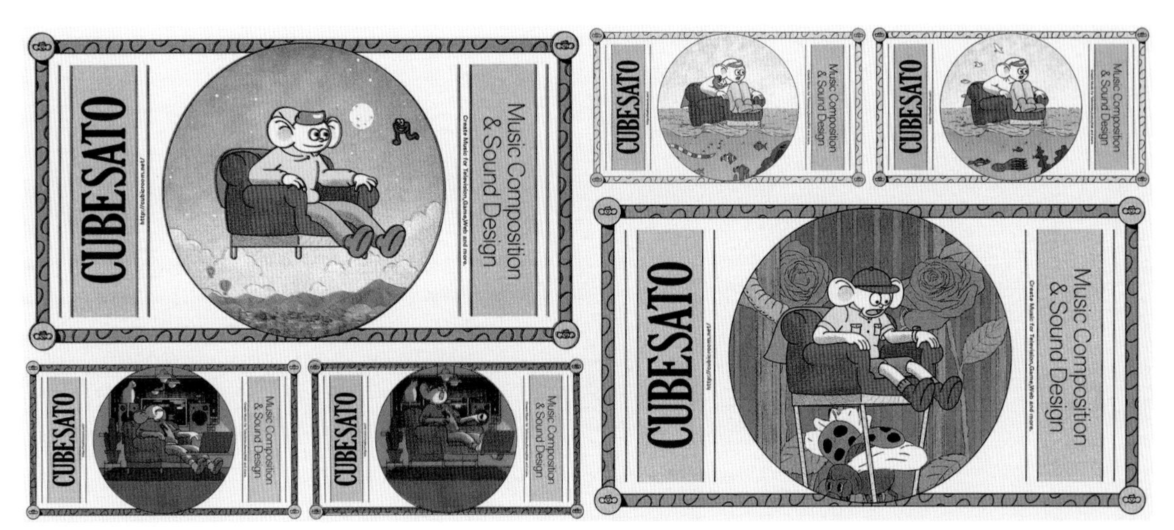

Motion Graphics -「cubesato ONGAKU」(2023)
Director, Design, Illustration: Shinji Hamana, Motion Design, Illustration: Fujiko Hamamoto, Motion Design: Hana Fujii, Sound: cubesato

Motion Graphics -「UNIQLO 2022FW Voice of customer」(2022)
Director, Design, Illustration: Shinji Hamana, Motion Design, Illustration: Fujiko Hamamoto, Sound: cubesato

005/100

コズミックラブ　COSMIC LAB

CATEGORY/ XR, Audio Visual, VJ, Live Performance

TEL/ +81(0)6 6585 7285
E-MAIL/ info@cosmiclab.jp
URL/ cosmiclab.jp

VJ Colo Müllerが主宰するライブビジュアル・ラボ。ダンスフロアから世界遺産までを舞台に、可視と不可視が交わるオーディオ・ヴィジュアルの体験を通じて、認知の拡張を探求する。フジロック史上最も異質なステージと評されたFINALBY( ) by ∈Y∋(BOREDOMS)や長谷川白紙の映像演出を手掛ける。開発・実装・演出を積み重ねて独自に進化させている視覚演出システムがZepp Shinjuku/ZEROTOKYOの常設システムとして採用。

Live Performance - XR production with avexR studio DAOKO , カメレオン・ライム・ウーピーパイ , ルンヒャン , 大沢 伸一(2022)
Director / Live Visuals: COSMIC LAB, Colo Müller, 240K, KEN IMAI

Live Performance - HAKUSHI HASEGAWA & COSMIC LAB presents "EPONYM 1A" ∈Y∋ (BOREDOMS) , 長谷川白紙(2022)
Director / Live Visuals: COSMIC LAB, Colo Müller, 240K, KEN IMAI

006/100

CRYPTOMERIA (WEBLIFE Inc.)

CATEGORY/ CI, VI, PV, Broadcast Design, MV, CM, Web

BELONG TO/ CRYPTOMERIA (WEBLIFE Inc.)
URL/ crypto-meria.com, web-life.co.jp

2001年、普遍的な美しさを追求し時間と体験をビジュアライズするCRYPTOMERIAを設立。ブランド戦略からアートディレクション、CG、映像制作を行う。デザインコンセプトから番組ロゴ、パッケージ映像を長年務めているNNN系列「news zero」を始め、「NHK紅白歌合戦」などテレビ番組のCG制作を数多く手掛けるほか、SONY「BRAVIA」「Xperia」、テニスプレーヤー錦織圭選手など日本を代表するブランドの映像制作を幅広く創出。

Brand Design, Opening Movie - 「news zero」 (2021) Art Director, Director: 杉江宏憲, Client: 日本テレビ放送網株式会社

MV - 中塚武「Ladies and PAC-MAN」 (©2020 U/M/A/A Inc., PAC-MAN™&©Bandai Namco Entertainment Inc. | 2020) Director: 杉江宏憲

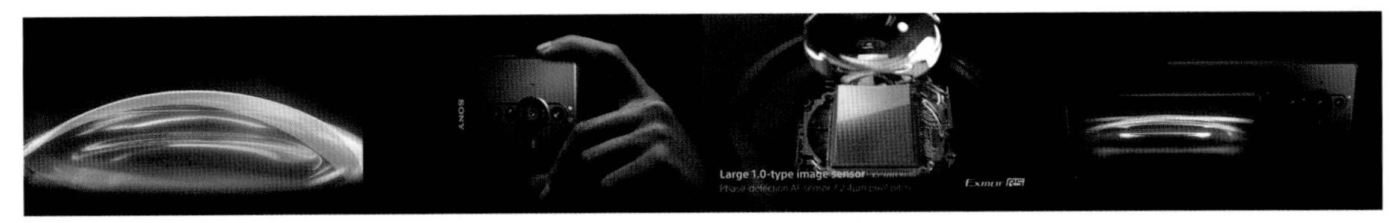

Product Animation - 「Xperia PRO-I」 (2021)
Director: 杉江宏憲, Client: Sony Corporation, Producer: 神山智彦 (Neu Inc.), Creative Director: 上田広太郎 (TYME Inc.), Music: Erik Reiff (Black Cat White Cat Music)

PV - 「Dear ～私の大切なあなたへ～」(2022) Director: 向井拓也, Client: アメアスポーツジャパン株式会社, ウイルソンラケットスポーツ, Producer: 早瀬統真 (Cubefilm), Camera: 玉田詠空 (Cubefilm), Lighting: 秋山恵二郎, Colorist: 田中 諭 (オムニバスジャパン)

007/100

でんすけ28号　Densuke28

CATEGORY/ All Genres

E-MAIL/ info@densuke28.com
URL/ densuke28.com

多摩美術大学情報デザイン学科メディア芸術コース卒業。ジャンルを問わず幅広い分野で企画、演出などを手掛ける。ビデオゲームのバグ的表現を用いて既視感覚にもとづいたイメージを可視化する作品シリーズ「BUGGY OBJECTS」の展開や、自身のアバターである「Magic Bibby」を主体としたプロジェクトも行う。

MV - imai「W杯 feat. 吉田靖直」(2022) Director: Densuke28

PR Movie - 「DENSUKE 28 x UNDERCOVER - MAD MARKET」(2021) Director: Densuke28, Music: Invisible Token

TV Package Design - 「MTV AfterHours」(2020) Director: Densuke28, Music: Invisible Token, Production: CEKAI

008/100

土海明日香　Asuka Dokai

CATEGORY/ MV,CM

BELONG TO/ 騎虎
URL/ www.asukadokai.com

1989年生まれ。山形県出身。 東北芸術工科大学映像コース卒業。色彩豊かなビジュアル表現を特徴としたアニメーション作家／監督／イラストレーター。個人制作のショートフィルムは国内外の映画祭に出展され上映される。代表作は、YOASOBI「海のまにまに」、まふまふ「栞」、トベタ・バジュン「すばらしい新世界feat.ボンジュール鈴木」など。2022年にアニメーションチーム「騎虎」を立ち上げ、MVやCMの分野で活動中。

MV - まふまふ「栞」(©まふまふ | 2022) Director: 土海明日香, Assistant Director: 史耕, Script and Composition: 浅井正明

MV - トベタ・バジュン「すばらしい新世界 feat.ボンジュール鈴木」(©SugerCandy/Croix Co., Ltd | 2021) Movie: 土海明日香

009/100

ユージン　Eugene

CATEGORY/ MV, Short Movie, Animation, Web Movie

BELONG TO/ 株式会社ロボット
E-MAIL/ contact_yujin@robot.co.jp
URL/ twitter.com/eugene_winter_

九州大学芸術工学部卒業後、株式会社ロボット(ROBOT COMMUNICATIONS INC.)入社。SNSを中心にアニメーション作品やイラストを発表し、現在はCM、MV、Web広告などを中心に活動。

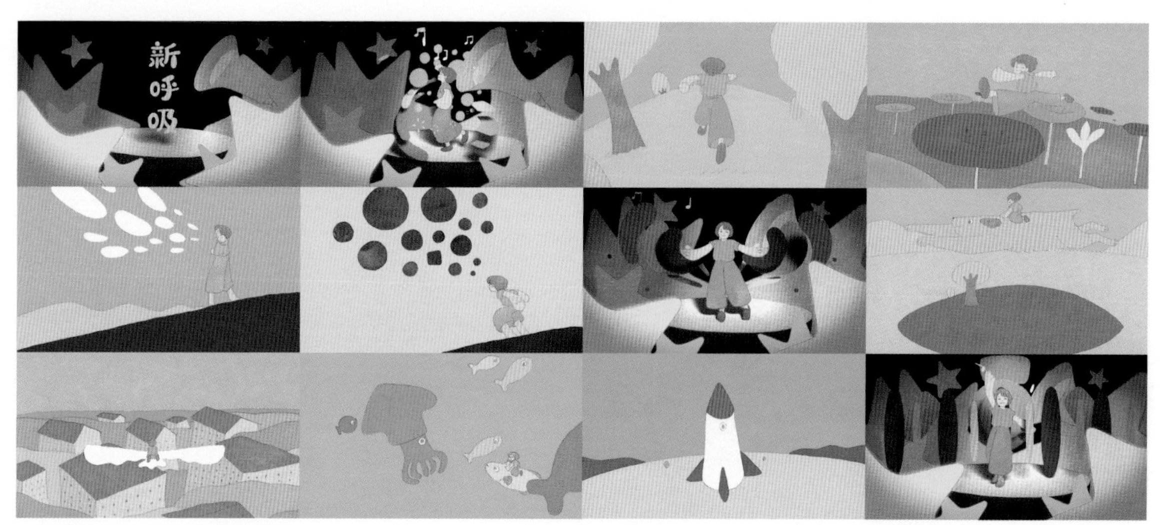

TV Program - NHKみんなのうた「新呼吸」(©NHK ／ ROBOT | 2021) Animation: ユージン, Song: 三浦大知

Short Movie - 「机上のダンサー」(©Eugene | 2018)

Short Movie - 「もの食うアニメーション 牡蠣」(©Eugene | 2019)

010/100

ユーフラテス　EUPHRATES

CATEGORY/ TV Program, Book, Short Movie, Exhibition

E-MAIL/ euph@euphrates.co.jp
URL/ euphrates.jp

様々な「研究」を基盤として活動しているクリエイティブグループ。映像、アニメーション、書籍、展示などを通した新しい表現の開発やメディアデザインに取り組んでいる。現在、佐藤匡、貝塚智子、山本晃士ロバート、うえ田みお、米本弘史、菅原達郎の6名が在籍。主な受賞に、New York ADC Gold Prize、D&AD賞 Yellow Pencilなど。

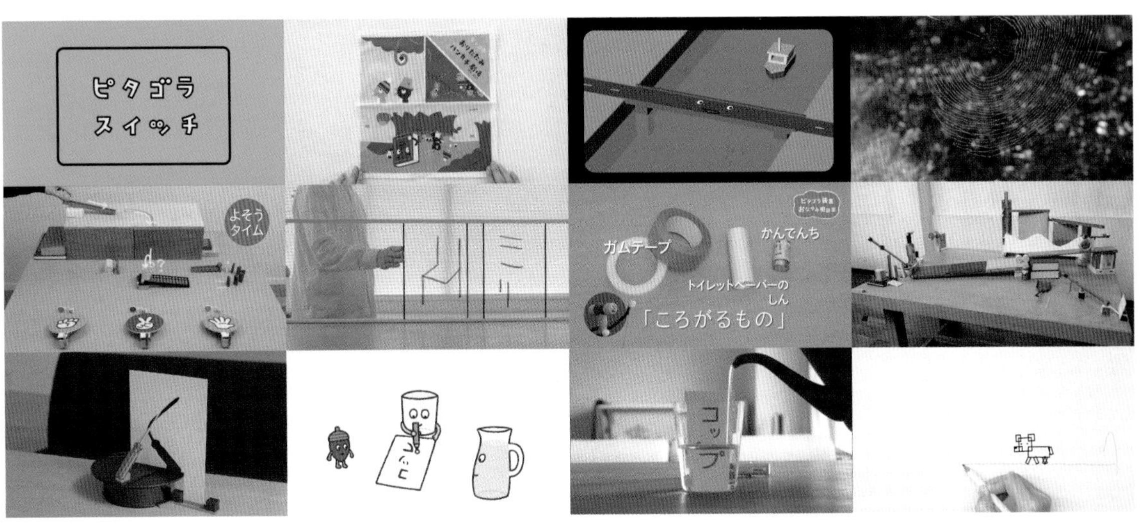

TV Program -「ピタゴラスイッチ」(©NHK / NHK エデュケーショナル | 2001-)

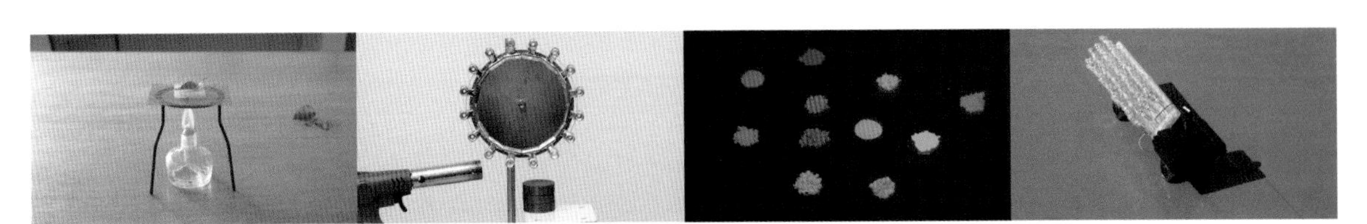

Science Movie -「未来の科学者たちへ」(©NIMS | 2013-)

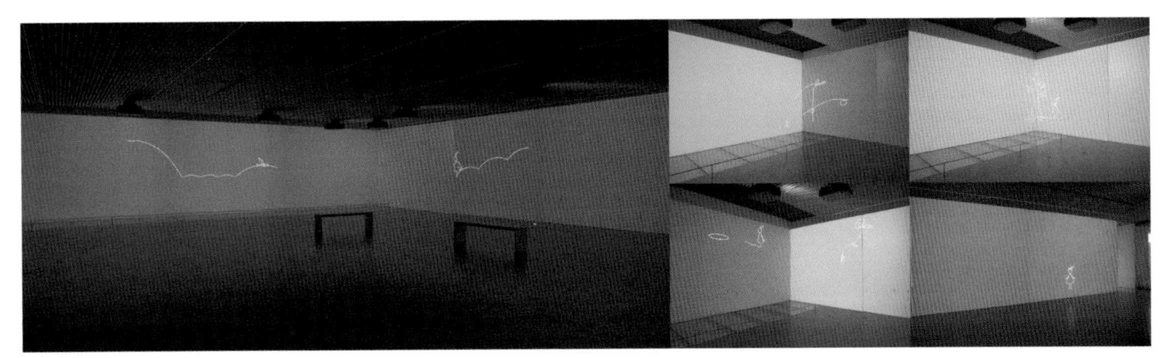

Short Animation -「一本の線」(© 長野県立美術館 | 2021)

011/100

フジモトカイ　Kai Fujimoto

CATEGORY/ MV, CM, Animation, Documentary

BELONG TO/ THREE CHORDS（スリーコード）
TEL/ +81(0)3 6416 4595（スリーコード）
E-MAIL/ kai@three-chords.jp
URL/ three-chords.jp/members/kaifujimoto

東京造形大学視覚伝達科卒業。ウェブデザインやFlashアニメの制作を経て、2008年より親しいミュージシャンのMVやイベントスポットを中心に映像演出を始める。2009年MTV Japanのクリエイティブに参加。現在は企画の立ち上げからMV、CM、On Air Promotion、ドキュメンタリーなど、実写表現、CG、アニメーションを駆使した映像演出を得意としている。

PR Movie / Web CM -「横浜DeNAベイスターズ 2023 NEW UNIFORM & NEW SLOGAN」(© 横浜DeNAベイスターズ | 2023)

Brand Movie -「NBB WEEKEND 2022 BRAND MOVIE」(©TSIホールディングス | 2022)

012/100

フクポリ FUKUPOLY

CATEGORY/ CM, MV, Web Movie, Concert Back Movie, VR

E-MAIL/ fukuda@fukupoly.com
URL/ www.fukupoly.com

1977年生まれ。武蔵野美術大学建築学科卒。独学で3DCG、VFXを学びデジタルアーティストとして活動を開始する。2014年1月より「株式会社FUKUPOLY」代表。企業CMやMVなどのCG制作や、3Dプリンタを利用した立体造形によるアート活動も行う。

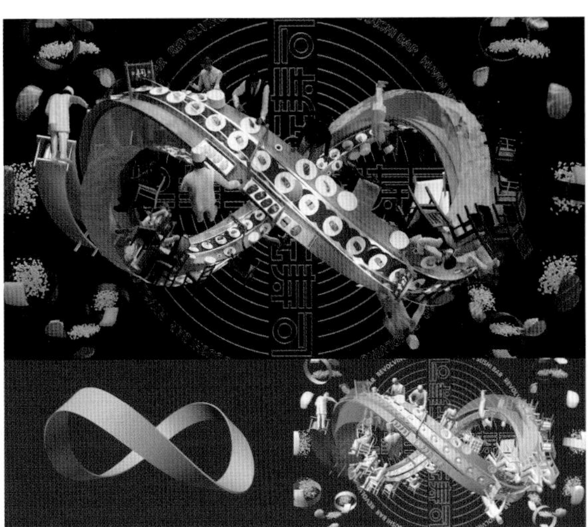

Personal Work - Perfect Loop Animation Challenge top100 "Revolving Sushi Bar" (©FUKUPOLY | 2022) Director, 3DCG:FUKUPOLY

Web Movie - Luyang × LiNing 2020SS (2020) Director, 3DCG:FUKUPOLY

Personal Work - Infinite Journeys challenge "戦IKUSA", Dynamic Machines Challenge top100 "KAGURA"(©FUKUPOLY | 2021) Director, 3DCG:FUKUPOLY

013/100

橋本 麦 Baku Hashimoto

CATEGORY/ MV, Graphic, Web, Installation, Design Tool

BELONG TO/ INS Studio
E-MAIL/ b@ins-stud.io
URL/ baku89.com

映像作家／ビジュアル・アーティスト／ツール開発者。CGIからコマ撮りアニメーション、ハードウェア、インタラクティブ作品など、多岐にわたって個人で制作を続ける。様々な表現手法の実験の積み重ねにより、多様な視覚表象のスタイルを模索している。近年はデザインプログラミング環境〈Glisp〉の開発にも没頭。第19回文化庁メディア芸術祭新人賞受賞。

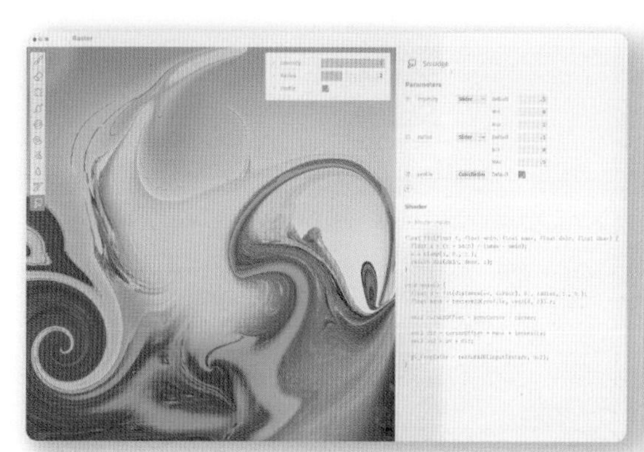

Tool -「Glisp: Lisp-based Graphic Design Tool」(©Baku Hashimoto, published under MIT License | 2020-) Developer: Baku Hashimoto

MV / Artwork - FEM「Light」(©flau records | 2020, working-in-progress) Director: Baku Hashimoto

Logo Motion -「Bokeh Game Studio」(©BGS | 2022) Director / Animator / Hardware: Baku Hashimoto

Station ID -「Vice TV Ident」(©VICE | 2021) Director / Animator: Baku Hashimoto

014/100

橋本大佑　Daisuke Hashimoto

CATEGORY/ Spatial Design, Stage Direction, Animation, Visual Design, Sound Design, Projection Mapping, Exhibition Movie, Stage Design

BELONG TO/ 株式会社LIL
TEL/ +81(0)90 7002 9296
E-MAIL/ hashimoto@lil.vision
URL/ www.lil.vision

演出家／アートディレクター／アニメーター。空間演出、舞台演出を主軸に活動。自身のクリエイティブを追求するため、2018年にLILを立ち上げ、プロジェクションマッピングや新しいテクノロジーを使用したデジタルアート、舞台、エンターテイメントショーの企画・演出・アートディレクションを中心に様々なコンテンツを手掛ける。

Entertainment Show -「星野リゾート 青森屋 みちのく祭りや」(2022)
Producer / Planning / General Director: LIL, Producer: 井筒亮太, General Director, Video Director, Animation: 橋本大佑,
Stage Director and Acting Instruction: 原田新平, Music Producer: 石田多朗, Technical Director: 松山真也, 泉田 隆介, 高嶋 一成, Sound Director: 大竹真由美,
Lighting Director: 小川千穂, Shadow Puppet Production: 川村亘平斎

Entertainment Show -「東京スカイツリータウン® ドリームクリスマス 2022 MAGICAL NIGHT ～ソラカラが贈る10周年リサイタル～」(2022)
General Director, Video Director, Animation: 橋本大佑, Movie Producer: 井筒亮太, Choreographer: SAYURI HIRAYAMA, Music Producer: 穴水 康祐, CG Director: 島田初哉

015/100

ハシモト ミカ　Mika Hashimoto

CATEGORY/ Short Animation, MV

E-MAIL/ mika@mikahashimoto.net
URL/ mika428.wixsite.com/my-site

1991年武蔵野美術大学短期大学部グラフィックデザイン科卒業。同映像学科臨時職員の頃よりCGと、イメージフォーラム映像研究所にて実験映像の制作を始める。株式会社オムニバス・ジャパン、株式会社シナジー幾何学の勤務を経て、フリーランスの映像作家、アーティストとして活動。個展、イベントなどで作品の発表のほか、TV番組タイトル、MVなどのディレクション、アニメーション制作などを手掛けている。

Animation -「ヒヤシンス湖　1. まなざしに虹」(©Mika Hashimoto | 2023)

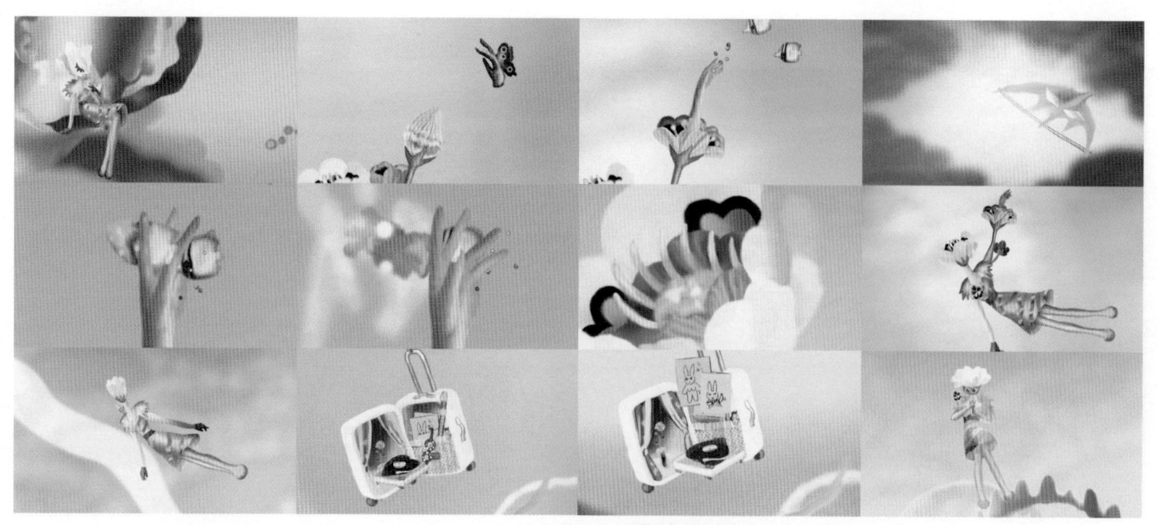

MV - petit animation「The Meaning Of Love」(©Mika Hashimoto, from ALBUM "THE TWIN PIANOS" Song by RIQUO ©KUU MUSIC | 2021)

016/100

平井秀次　Shuji Hirai

CATEGORY/ Motion Graphics, MV, Web Movie

BELONG TO/ apelo inc., momo inc.
E-MAIL/ h.shuji0728@gmail.com
URL/ shujihirai.com

1989年生まれ。兵庫県出身。金沢美術工芸大学視覚デザイン専攻卒業。モーションググラフィックスディレクター／デザイナーとしてモーショングラフィックス、MV、ライブステージ演出など、グラフィックデザインを軸にした色彩豊かでグラフィカルな作風で様々なメディア表現の制作に従事。ゲームエンジンを取り入れた映像制作など、インタラクティブ領域も交えた実験的なワークフローを探求している。

MV - 初音ミク「フロムトーキョー」(©TAKAAKI NATSUSHIRO ©CFM | 2021) Director: ぽぷりか, 3DCG / Composit: Shuji Hirai, Concept Art / Character Design: まごつき, 2D Animation: 永迫 志乃, おはじき, 山北麻由子, Title Design: Ayako Hirai, Piano Motion: ゆうそで, Vocal: 初音ミク, Music: 夏代孝明, Composition(code), Arrangement: 渡辺拓也, Mix / Mastering: 快晴P, Vocaloid Editor: cillia

Digital Signage-「呪術廻戦 渋谷13面連動デジタルサイネージ レポートムービー」(© 芥見下々／集英社 | 2022) Planning/Producer/Creative Director: 瀬島卓也 (ARCH), Planner: 藤巻百合香(EPOCH), Producer: 宗兼章祥(EPOCH), Director: 小林大祐, Motion Director: 平井秀次, Motion Graphics: 井原秀雄, mahinii, CG Director: 花坂大気, Animation: 畳谷哲也, Hano, Media Planner: 青木慎二(Media Concierge), Sound Producer: 鈴木聖也(maxilla), Composer: 光森貴久(mergrim), Cast: 榎木淳弥

017/100

平松 悠　Haruka Hiramatsu

CATEGORY/ Animation, MV

URL/ hiramatsuharuka.com

アニメーション作家。女子美術大学デザイン学科卒業。東京藝術大学大学院映像研究科アニメーション専攻修了。2019年よりフリーランス。短編作品、TV、MVなど映像表現を中心に、制作活動中。自ら振り付けをするダンス、タイポグラフィー、食をテーマにしたアニメーション表現を追求している。

MV -「drive」(©Kyoko Shiina/Haruka Hiramatsu | 2023)

Animation -「さいごの釜飯」(©Ryo Fukawa | 2022)

018/100

平岡政展　Masanobu Hiraoka

CATEGORY/ Illustration, Animation, Graphic Design, MV, ID

BELONG TO/ mimoid, CAVIAR
E-MAIL/ contact@mimoid.inc

ディレクター。プロダクションカンパニー CAVIAR所属。クリエイティブハウスmimoid設立メンバー。流動的で美しい作画を持ち味とし広告を中心に印象に残る映像を数多く手掛ける。近年は「メイドインアビス - 烈日の黄金郷 -」、「チェンソーマン」第9話EDと話題のTVアニメシリーズにも携わる。Battles、Flying Lotus、Red Hot Chili Peppersなど海外アーティストとの仕事も多く、国内外問わず活動の幅を広げている。

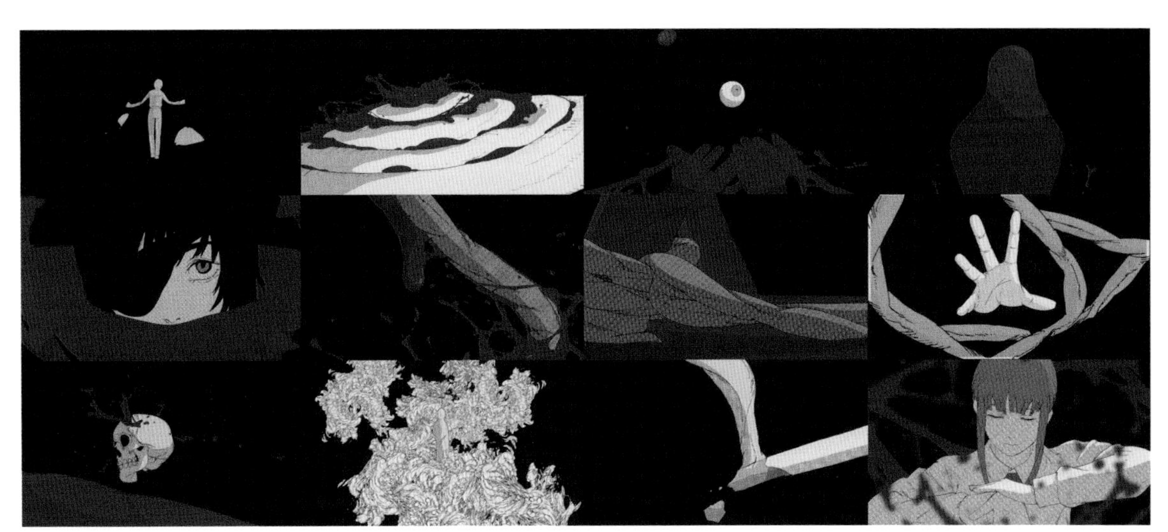

Ending Movie -『チェーンソーマン』第9話エンディング Aimer「Deep down」(©藤本タツキ/集英社・MAPPA | 2022)

MV - Dios「ダークルーム」(2022)

019/100

株式会社ホーダウン HOEDOWN Inc.

CATEGORY/ Interactive, Exhibitions, TV and Film, Advertisement, CM, MV

E-MAIL/ i@hodwn.com
URL/ hodwn.com

2016年に設立したクリエイティブコレクティブ。広告映像やインタラクティブ展示、MVなどビジュアル表現に関する企画から制作、プログラム、施工まで一貫してプロデュースを行う。最新技術を用いた映像表現や、ノンバーバルに楽しめるコンテンツを制作している。

MV, 3DCG, Short Film - 「The Weeknd – Echoes of Silence」 (2021) , Creative Director: Hajime Sorayama, Executive Producer: Kokushin "Koke" Hirokawa, Co-Producer: Shinji Nanzuka, La Mar Taylor, Project Lead: Yuki Kirgis, Director: Kurando Furuya, Co-Director: Hajime Baba, Production Manager: So Isobe, Daiju Yoshida, Wakana Furusato , [KHAKI], CG Director: Hirokazu Yokohara, CG Producer: Makoto Yura, CG Production Manager: Kaori Ninokura, Environment And Concept Artist: Yota Tasaki, Lead Compositor And Color Grading: Masaki Mizuno, Concept Artist: Cosmin Rosu [KHAKI BUCHAREST], Modeler: Taiki Miyano, FX Artist: Kenta Ogiya, Mishio Hirai, CG Artist: Yuri Nigo, Taichi Ito, Takeshi Kenjo, Compositor Assistant: Kazuma Kase, Akinori Ono, Coordinator: Sandra Berghianu [KHAKI BUCHAREST], Rigger: Katsuhiro Wada, Animator: Yoshihide Sakida, [Modeling Cafe], Modeling Supervisor: Kenichi Nishida, Technical Supervisor: Hiroyuki Okada, Concept Artist: Masato Ezura, Modeling Artist: Mitsuki Tajima, Producer: Kyohei Takeda, Coordinator: Toshiya Nakamatsu, [CONCEPT LAB.], Modeler: Ryuichi Shimano, CGI-Producer: Isamu Nakashima, [exsa × Studio Tanta], Motion Capture Producer: Sumie Sato, Hiroki EbisAWA, Motion Capture Director: Yuta Niinomi, Motion Capture Cg Designer: Shinya Arai, Shomi TOYOTA, [KASSEN], CG Designer: Akira Kondo, Ryo Chigira, Casting Director: Oi-Chan, Dancer: Lilika, Alexander Kawamoto, Art Design Assistant: Tat Ito, Storyboard Artist: Ryusei Sakura, Credit and Type Design: Kohei Nakazawa [STUDIO PT.], Translation: Tenka Shingaki

Short Film - 「庭には二羽」 (2022) , Director: 髙橋 真, Producer : 髙橋 真, 石井 将, Cinematographer: 髙木考一, Lighting: 加藤大輝, Sound Recording: 茂木祐介, Production Designer: 新関 陽香, Costume: 岡村春輝, Hair and make-up: 寺沢ルミ, Food Coordinator: 柚木さとみ, Art Support: 石井 希, Props Support: 花山和也, Assistant Director 鳥居みなほ, 谷川恵一, Assistant Cinematographer: 村松 良, 杉山 綾, Lighting Assistant: 阿部征直, 須藤瑞希, Recording Assistant: 白井菜々子, Costume Assistant: 上野亜美, Hair and make-up Assistant: 杉本あゆみ, Decoration Assistant: 芳賀亜妃, 石橋優花, 青山和美, 天久洋海, Props Design: 前畑裕司, Planting: 倉田翔平, 戸田 響, Production: 藤井 翔, 板橋登志行, 古里わかな, 吉田大樹, 小野志穂, Screenplay: 神谷圭介(テニスコート) , Casting: 森川祐介(有限会社ジャングル) , Offline Editor: 磯部 蒼, Colourist: 今西正樹(オムニバスジャパン) , Colourist Assistant: 田中 諭(オムニバスジャパン) , Title Design: 國影志穂(OOKIIINU) , Steel: 内堀貴嗣, Music: 重盛康平, Violin/Viola: 須原 杏, Cello: 渡邉雅弦, Saxophone / Clarinet / Flute: 宮崎達也, Tuba: TOHO, Recording Engineer: 滑川高広, Recording Assistant Engineer: 川元典弥(マルニスタジオ) , Mix Engineer: 大野鉄平(オムニバスジャパン) , Mix Assistant Engineer: 大嶋未侑(オムニバスジャパン) , Theme Song: 大比良瑞希

020/100

細金卓矢　Takuya Hosogane

CATEGORY/ MV, CM, ID, Web, Short Movie

BELONG TO/ mimoid
E-MAIL/ contact@mimoid.inc

ディレクター／プランナー。クリエイティブハウスmimoid設立メンバー。国内外から高い評価を受ける「Vanishing Point」や文化庁メディア芸術祭大賞に選ばれたアニメ「四畳半神話大系」のED制作、WIREDへの映像提供、NHK「デザインあ」のクラッチ映像提供など、モーションググラフィックスを中心に実写、アニメーション、ストップモーションと手法を問わずコンセプトに即した映像を手掛ける。近作にyuigot+長谷川白紙「音がする」など。

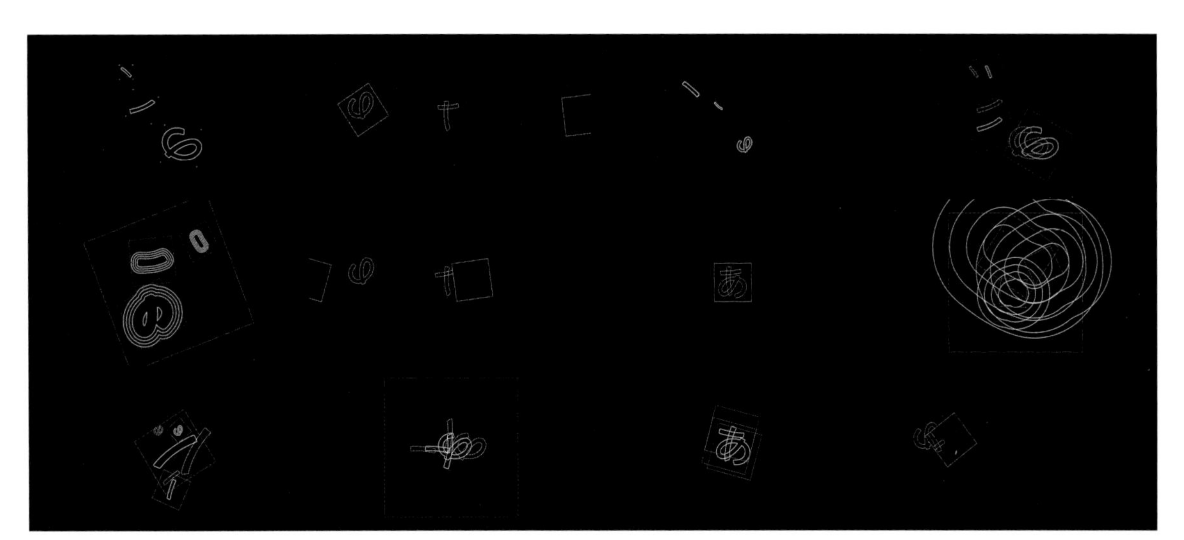

Clutch Movie -「デザインあ」

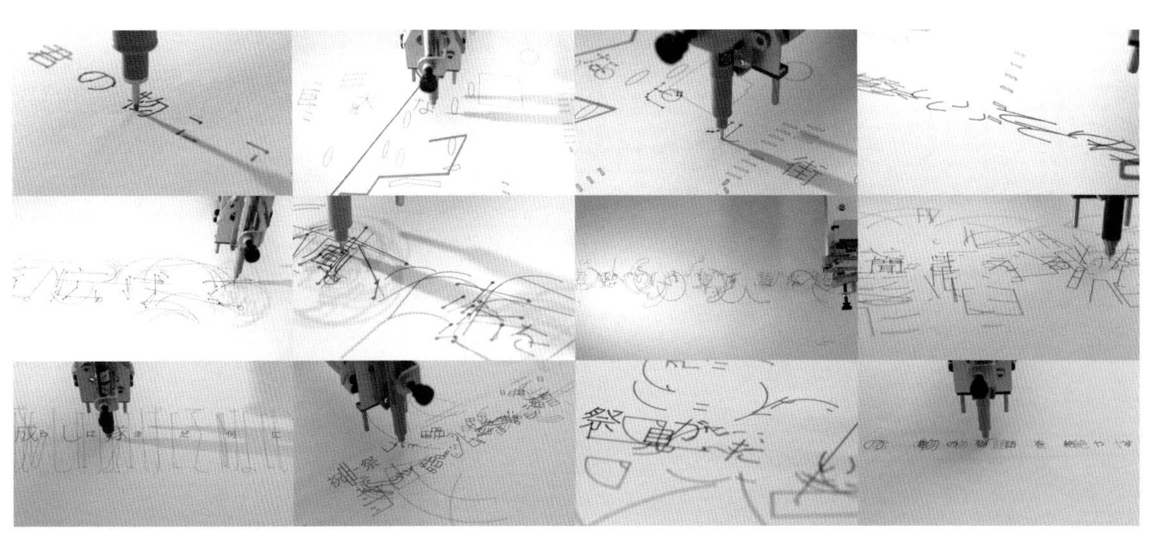

Lyric Video - ROTH BART BARON「極彩 | I G L (S)」(2021)

021/100

Hurray!

CATEGORY/ MV, PV, CM

E-MAIL/ hurray.artworks@gmail.com
URL/ hurray.fun

ぽぷりか、おはじき、まごつきの３人による映像制作チーム。3DCG、手描きアニメ、モーショングラフィックスを使用したメッセージ性の高い映像を制作する。

MV- ヨルシカ「だから僕は音楽を辞めた」（ぽぷりか、まごつき｜2019）

Opening Movie -「モナーク/Monark オープニング」（Hurray!｜2021）

022/100

稲葉秀樹　Hideki Inaba

CATEGORY/ CM, Web Movie, ID, MV

BELONG TO/ P.I.C.S. management
TEL/ +81(0)3 3791 8855
E-MAIL/ post@pics.tokyo
URL/ www.pics.tokyo/member/hideki-inaba, lit.link/kanahebi

2017年 Red Hot Chili Peppers「Getaway Tour Viz」に映像作家として参加。海外のアーティストとコラボレーションした作品は、Pictoplasma、Reading & Leeds Festivals、This is Colossal、The Verge、Adult Swimなどの映画祭やメディアで上映、掲載されている。「SlowlyRising」にて第20回文化庁メディア芸術祭審査委員会推薦作品に選出。独自の手法を用いた、繊細で緻密なアニメーションのスタイルを得意とし、CM、MV、OOHなど幅広く手掛けている。

Web - UCC ブラック無糖「新たなBLACK無糖」篇 (©UCC UESHIMA COFFEE CO., Ltd. | 2022)

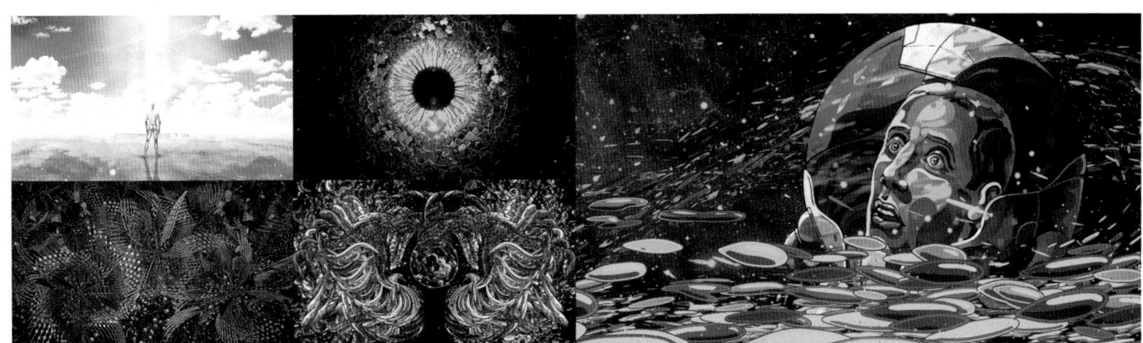

MV - Billain「Infinite Blue」(2022)

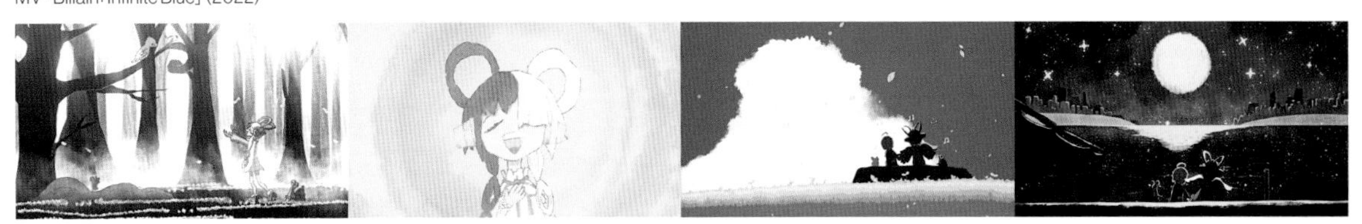

MV - Ado「世界のつづき (ウタ from ONE PIECE FILM RED)」(©尾田栄一郎/2022「ワンピース」製作委員会 | 2022)
Producer: Goki Sato, Director / Illustrator / Animation: すとレ, Animation Director / Composite: Hideki Inaba

Web - CHISO 2022FW「花と鳥と」(©Chiso co., Ltd. | 2022) Director: Isao Nishigori, Animation: Hideki Inaba

023/100

稲葉まり Mari Inaba

CATEGORY/ Program Section, Short Film, MV, CM

E-MAIL/ info@mariinaba.net
URL/ mariinaba.net

1979年生まれ。多摩美術大学卒業。デビッド・デュバル・スミスとマイケル・フランク率いるクリエイティブユニット「生意気」勤務を経て独立。切り絵を用いたコマ撮りアニメーションやグラフィックを中心に活動を行う。NHK Eテレ『シャキーン！』にて音楽アニメーション「まつりばなし」を馬喰町バンドと制作(2018-2021)。テレビ東京『シナぷしゅ』にて「ブーブーはいくよ」(2021年)、「おふろはいってるのだあれ」(2022年)シリーズを制作。

TV-NHK Eテレ シャキーン！「まつりばなし」全14作(2018-2021)＃12 真栄里の大綱引き、＃13 津和野の鷺舞(2021)
Animation: 稲葉まり, 亀島耕, たけてつたろう, Music: 馬喰町バンド, Production: ディレクションズ

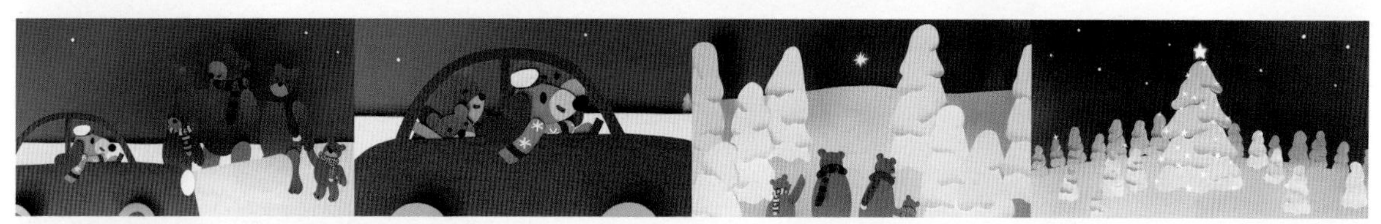

TV-テレビ東京 シナぷしゅ「ブーブーはいくよ」全10作(2021)
Creator / Director: 稲葉まり, Animation: 稲葉まり, 亀島耕, Music: たけてつたろう, Voice: 狩野恵里

TV-テレビ東京 シナぷしゅ「おふろはいってるのだあれ」全11作(2022)
Creator / Director: 稲葉まり, Animation: 稲葉まり, 亀島耕, Music: たけてつたろう, Voice: 松丸友紀, Cooperation: たからちゃん, よりくん, 篠原敏蔵

024/100

イノウエマナ　Mana Inoue

CATEGORY/ Collage, MV, Web CM

E-MAIL/ inouemn0201@gmail.com
URL/ inoue-mnac.com

映像監督／コラージュアーティスト。1995年生まれ。映像制作会社勤務を経て、2021年よりフリーランスとなる。アートディレクター／グラフィックデザイナー／ヴィジュアルアーティストで実姉の井上絢名と2023年に「RIBBON」を立ち上げる。実写やコラージュ、それらを合成した映像を中心に、ダークな世界観からポップな世界観まで幅広い表現力を持ち、楽曲や作品が持つ魅力を更に引き出すアプローチを得意とする。

MV - ヒプノシスマイク Bad Ass Temple「でらすげぇ宴」(©KING RECORDS | 2022) Director: イノウエマナ / ピンクじゃなくても, Artwork, Color Planning, Title Designer: 井上絢名, Editor: 部谷文香, Photographer: 上野留加, Artwork Assistant: 野中 愛, Mask Assistant: 篠倉彩音

MV - After the Rain(そらる×まふまふ)「ラクガキサマ」(2022) Director / Collage Art: イノウエマナ, Illustrator: SOUKI✧FROG, Editor: DOMINO, Logo Designer: あさのてつこ

025/100

iramina

CATEGORY/ MV, Event Movie, Branding Movie, CM

URL/ www.instagram.com/iraminaaaaaa

愛知県出身。音楽活動を通して映像やデザインを作ることに出会い、モーショングラフィックスを主軸にMV、ブランディングムービーやイベントムービーなどを手掛ける。「かっこよさ」と「かわいさ」の同居を目指したビジュアルメイクを心がけている。猫背。

Opening Movie - ラランド「祝電 vol. 2」(2022)
Director / Editor / Motion: iramina , 3D Animation: Koki Sato, Music: Yusuke Shinma (Studio REIMEI) , Logo Design / Flyer Art Direction: Tetsuya Okiyama

MV - kim taehoon「YOU GIMME SOMETHING★KANJIN」(2022) Music: kim taehoon, Director / Editor / Motion: iramina, Director of Photography / Colorist: Rika Tomomatsu, Camera Assistant: Rui Ito, Stylist: kim taehoon, Special thanks: sanuchida, Yu Arakaki

026/100

石川将也　Masaya Ishikawa

CATEGORY/ Educational Video, MV, Installation, PV, CM, Motion Logo, Web

BELONG TO/ コグ
E-MAIL/ info@cog.ooo
URL/ www.cog.ooo

映像作家／グラフィックデザイナー／研究者。慶應義塾大学佐藤雅彦研究室を経て、2019年までクリエイティブグループ「ユーフラテス」に所属。2020年に独立。視覚認知の研究を基点に、デザインと映像、インスタレーション作品、科学玩具とそれを用いたオンラインワークショップの開発など、領域を広げつつ活動している。「四角が行く」が第25回文化庁メディア芸術祭アート部門優秀賞を受賞。2019年より武蔵野美術大学空間演出デザイン学科非常勤講師。

Installation -「四角が行く／ The Square Makes It Through」(©石川将也+nomena(武井祥平, 杉原寛, キャンベル・アルジェンジオ) + 中路景暁 | 2021)
Logo Design: 言乃田埃, Photo: 飯本貴子, Translation: エリザベス・コール

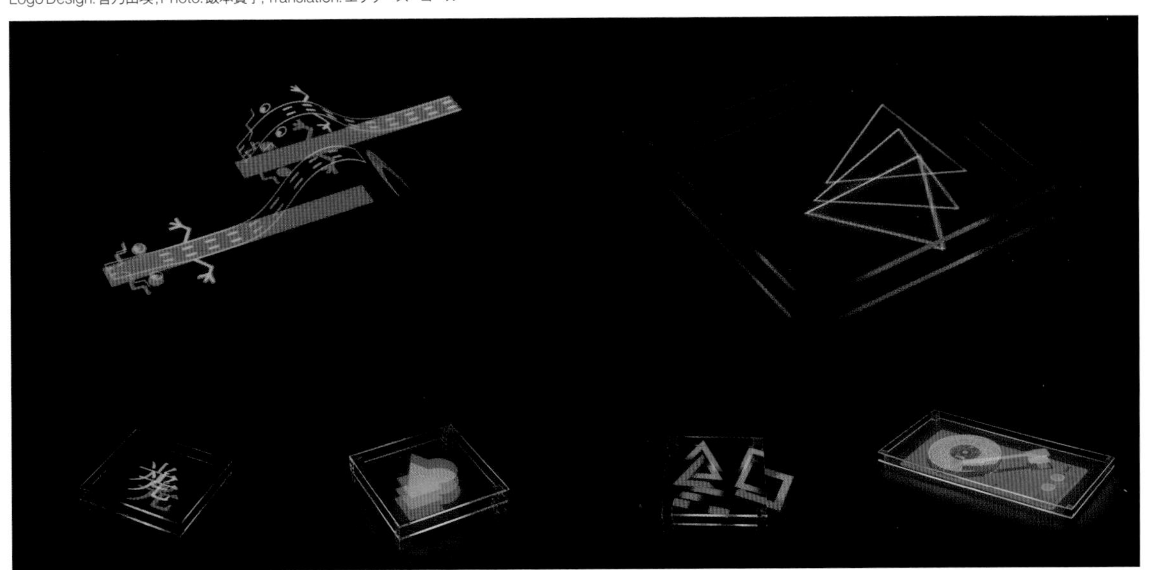

Original -「光のレイヤー／ Layers of Light」(2020-) Co-creation: 言乃田埃, 中路景暁, 井上泰一, 永山笑, イトケン, 王雅, 佐藤希, 佐野桃子, 福田恵理, 安藤真生, 杉原寛
独自の立体映像装置とその上で表示される作品群 令和2年度 メディア芸術クリエイター育成支援事業採択プロジェクト

027/100

JKD Collective Inc.

CATEGORY/ Brand Movie, TV Commercial, Documentary, Projection Mapping, VR/AR Content Video, Installation, Music Production, Sound Design, Art Direction, Motion Design, Graphic Design, Interface Design, etc.

TEL/ +81(0)3 4550 0195
E-MAIL/ contact@jkdcollective.jp
URL/ jkdcollective.jp

革新的で強いコンテンツとエクスペリエンスを作るクリエイティブスタジオ。ブランドムービー、アニメーション、CG、コマーシャル、ドキュメンタリーなどの映像表現から、ARやVRなどを絡めたインスタレーション、そして音楽の制作まで、様々なタイプの作品を、卓越した企画力と、クラフトの精神をもとに制作している。ビジュアリストやコンポーザーとのパートナーシップをもとに、アートとビジネスが重なる領域における刺激的なコラボレーションを、国内外のブランディングエキスパート、クリエイターと展開中。

Projection Mapping and Lighting Show -「Upopoy Kamuy Symphonia」(2020)

Brand Movie -「ALPINE : SOUNDWARDS」(2021)

028/100

影山紗和子　Sawako Kageyama

CATEGORY/ MV, CM, TV

E-MAIL/ pcskowm@gmail.com
URL/ www.sawakokageyama.com

アニメーター／アーティスト。多摩美術大学グラフィックデザイン学科卒業。東京藝術大学大学院映像研究科アニメーション専攻中退。2016年に第15回グラフィック1_WALLにてグランプリを受賞。以降アニメーター兼アーティストとして活動を始め、音楽アルバムのアートワークや、ファッションブランドとのコラボレーションなど活動は多岐にわたる。近年はMVなども手掛けている。

TV - NHKみんなのうた「惑星」(©NHK ／影山紗和子 | 2022)
Song: Sexy Zone, Lyric: 金井政人(BIG MAMA), MiNE, Composition: 川口 進, MiNE, Atsushi Shimada, Animation: 影山紗和子

MV - くるり「TOKYO OP」(2019)
Director: Sawako Kageyama, Guitars / Electric Sitar / Organ / Bouzouki / Synthesizer / Programming: Shigeru Kishida, 5 String Bass / Protools Editing: Masashi Sato, Trumpet: Fanfan, Guitar: Daiki Matsumoto, Drums: Cliff Almond, Trombone: Kayoko Yuasa

029/100 上田裕紀 Yuuki Kamida

CATEGORY/ CM, Web, MV, Brand Movie

BELONG TO/ EDP graphic works株式会社
E-MAIL/ kamida@edp.jp
URL/ www.edp.jp

広島県出身。青山学院大学経営学部卒業後、紆余曲折を経てEDP graphic worksに参加。モーショングラフィックスディレクター・モーショングラフィックスデザイナーとしてTVCM、Webムービー、MVだけでなく五輪や万博などの国際的なイベントまで幅広いジャンルの案件に携わるほか、ディレクターとして映像全体の演出なども手掛ける。

Brand Movie - 「HITO-TO-HITO.HD Branding Movie」(2020)
Executive Creative Director: 大澤智規（博報堂）, Art Director: 山崎南海子（博報堂）, Copywriter: 豊田丈典（博報堂）, Director: 上田裕紀 (EDP graphic works Co.,Ltd.), Motion Graphics Designer: 飯塚翔馬, 北川智尋, 坂間秋穂, 地頭所夕香 (EDP graphic works Co.,Ltd.), Music: Erik Reiff

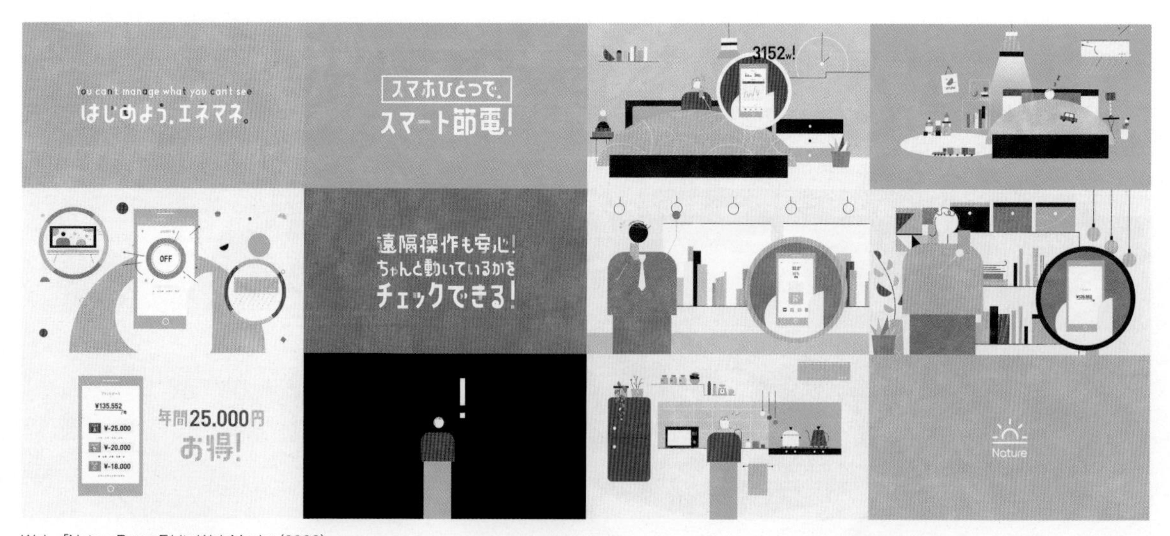

Web - 「Nature Remo E Lite Web Movie」(2020)
Director: 上田裕紀 (EDP graphic works Co.,Ltd.), Producer: 土井陽絵 (P.I.C.S.),
Motion Graphics Designer: 飯塚翔馬, 北川智尋, 坂間秋穂, 地頭所夕香 (EDP graphic works Co.,Ltd.), Production Manager: 佐藤賢国 (P.I.C.S.)

030/100

加藤ヒデジン　Hidejin Kato

CATEGORY/ CM, Web Movie, MV

BELONG TO/ P.I.C.S. management
TEL/ +81(0)3 3791 8855
E-MAIL/ post@pics.tokyo
URL/ www.pics.tokyo/member/hidejin-kato,
dot-hidejin.com

大阪芸術大学映像学科卒。在学中に手掛けた長編映画がハンブルク日本映画祭に正式出品。卒業後は映像制作会社でディレクターとして活動したのち、独立。現在P.I.C.S. management所属。映像のプランニングや構成力に加え、ミニマルなワンビジュアルの強い画作りを得手としている。リアルとファンタジーとの境界を曖昧に落とし込む、現実が拡張されたような表現は特に魅力的であり、国内外で高い評価を得ている。

MV - Nikon ボリュメトリックビデオ ショーリール SPiCYSOL「Lens」(©NIKON CORPORATION | 2022)

MV - Anonymouz「River」(©SME Records | 2023)

Web - ISETAN Restyle「Beautiful Choice.」(©ISETAN MITSUKOSHI | 2021)

031/100

カワイオカムラ KAWAI+OKAMURA

CATEGORY/ Short Movie

URL/ moodhall.com

映像作家／アーティスト。川合匠と岡村寛生により1993年結成。京都市立芸術大学大学院修了（川合は彫刻、岡村は油画専攻）。“物語ることなしに、いかに物語性を喚起させ続けられるか” を試みている。《コロンボス》（2012）は第53回クラクフ国際映画祭国際短編部門アニメーション最高賞、アルスエレクトロニカ2014コンピュータアニメーション／映画／ VFX部門栄誉賞、《ムード・ホール》（2019）は第14回ANIMATOU国際アニメーション映画祭エクスペリメンタル部門最高賞を受賞した。

Short Movie -「ムード・ホール -side B-」(KAWAI+OKAMURA | 2022)

Short Movie -「コロンボス」(KAWAI+OKAMURA | 2012)

032/100

河上裕紀　Yuuki Kawakami

CATEGORY/ MV, CM, Movie, CI

BELONG TO/ superSymmetry, 株式会社オムニバス・ジャパン
URL/ www.omnibusjp.com/supersymmetry

1984年神奈川県座間市生まれ。多摩美術大学情報デザイン学科卒業。モーショングラフィックスを中心に、3DCGを取り入れたグラフィカルな表現で映画やTVドラマのタイトルバックデザイン、企業CIなどのモーショングラフィックスの制作、またその企画・演出も総合的に手掛ける。近年では、3DOOH、ドーム映像、多面大型スクリーンなどの空間演出を含めたコンテンツ制作に携わり、活動の幅を広げている。

CM -「3D OOH FOR NBA Japan Games 2022」(©NBA | 2022)

Station ID -「Joy, anger, sadness, and amusement.」(©SPACE SHOWER TV | 2021)

033/100

賢者　KENJA

CATEGORY/ MV, PV, TVCM, Illustration

TEL/ +81(0) 80 5008 3510
E-MAIL/ amemuti58@gmail.com
URL/ kennja.com

アニメーション制作集団。テレビアニメーター、デザイナー、美術作家など、多領域のクリエイターが集まることで生み出される異色のビジュアル表現が特徴。鉛筆の手描きアニメーションによるエネルギッシュな表現や、アイコニックなキャラクターから抽象表現までを融合した作風を得意とする。主な仕事に小学館「モブサイコ100」(漫画PV、舞台、TVCM)「ケンガンアシュラ」(PV)「millennium parade - Stay!!!」「SHISHAMO 狙うは君のど真ん中」など。

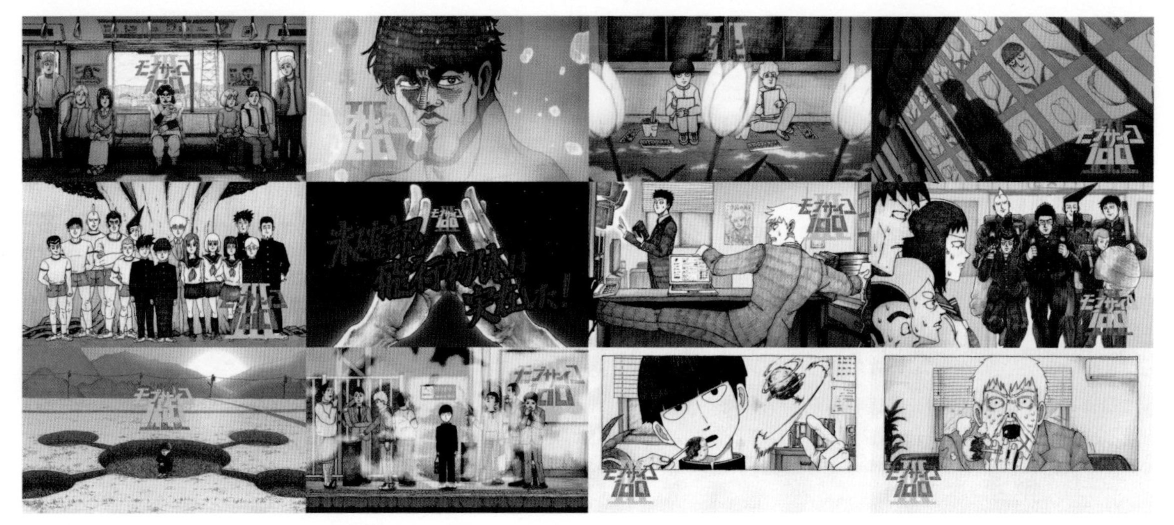

TV Animation / Eye-catch -「モブサイコ100 III」(©ONE・小学館/「モブサイコ100 III」製作委員会 | 2022) Eye-catch Design: 賢者

MV - Guchon「Pistachio Party Theme」(©CHIWAX, ©GUCHON | 2022) Animation: "KENJA" × "KABA" × "KAKOMAKI"

034/100

喜田夏記　Natsuki Kida

CATEGORY/ CM, MV, Web, Broadcast, Original, Art

BELONG TO/ Legolas inc., P.I.C.S. management
TEL/ +81(0)3 3791 8855
E-MAIL/ post@pics.tokyo
URL/ www.pics.tokyo/member/natsuki-kida,
www.natsukikida.jp

東京藝術大学大学院修了。在学中より映像ディレクターとして活動を開始、数多くのTVCM、MV、ライブ映像等を手掛ける。安室奈美恵ライブ映像総合演出、L'Arc~en~Cielライブ舞台総合演出も手掛け、2012年よりNHK Eテレ プチプチ・アニメにて放送中の「Liv & Bell」は、韓国国際アニメーション映画祭テレビシリーズ部門グランプリ、ロサンゼルス、ベネチア国際短編映画祭オフィシャルセレクション、アラメダ国際映画祭ファイナリストなど海外での受賞、選出多数。文化庁メディア芸術祭審査員推薦作品受賞ほか。

Broadcast - NHK Eテレ プチプチ・アニメ Liv & Bell 第8話「ベルくんのほそくてながいお友達」(© 喜田夏記・NHK・NEP | 2021)

Broadcast - NHK Eテレ プチプチ・アニメ Liv & Bell 第9話「恵みの森のあったかスープ」(© 喜田夏記・NHK・NEP | 2022)

Broadcast - NHK Eテレ プチプチ・アニメ Liv & Bell 第10話「マリモの星の仲間たち」(© 喜田夏記・NHK・NEP | 2023) Director / Art / Design / Animation: 喜田夏記 (Legolas inc.), Art / Design / Animation: 喜田直哉 (Legolas inc.) Animation: 野原三奈, Composite / Animation: 中嶋午郎 (Comadori Studio), Camera / Light: 小川ミキ, SE: 寺村京子, Music: 木下習子, Production: Legolas inc.

Brand Concept Movie - 「ANNA SUI "SUI BLACK Debut Movie"」(2019) Creative Director / Director / Art / Design / Animation: 喜田夏記 (Legolas inc.), Art / Design / Animation: 喜田直哉 (Legolas inc.), Animation: 野原三奈, Composite: 中嶋午郎 (Comadori Studio), Camera / Light: 小川ミキ, SE: 寺村京子, Music: 木下習子, Production: Legolas inc., Agency: ALBION

Broadcast - 「WOWOW エキサイトマッチ Opening Movie 2022」(2022) Director / Art / Design: 喜田夏記 + 喜田直哉 (Legolas inc.), Composite: 中嶋午郎 (Comadori Studio), SE: 寺村京子, Production: Legolas inc.

035/100

騎虎 KIKO

CATEGORY/ MV, CM, Movie

TEL/ +81(0) 80 2068 6364
E-MAIL/ info@kiko.tokyo
URL/ kiko.tokyo

CM、MVの領域を中心としたアニメーション制作スタジオ。アニメーション作家の自由で豊かな想像力を基本に、異なる表現手法をルーツとした多様なメンバーと、スタジオの機能をもって作品を昇華、拡張させる。様々な映像が日々生み出される現代において埋もれない"色"を創り出すことをテーマにしている。2022年の結成以降、可能性を模索し続けるアニメづくりのスタイルが良質な話題性を呼び、業界内外から注目されている。

MV - YOASOBI「海のまにまに」(©Sony Music Entertainment (Japan) Inc. | 2023)
Director: 土海明日香, Assistant Director: 史耕, Original Novel: 辻村深月「ユーレイ」from『はじめての』(水鈴社刊), Animation Production: 騎虎

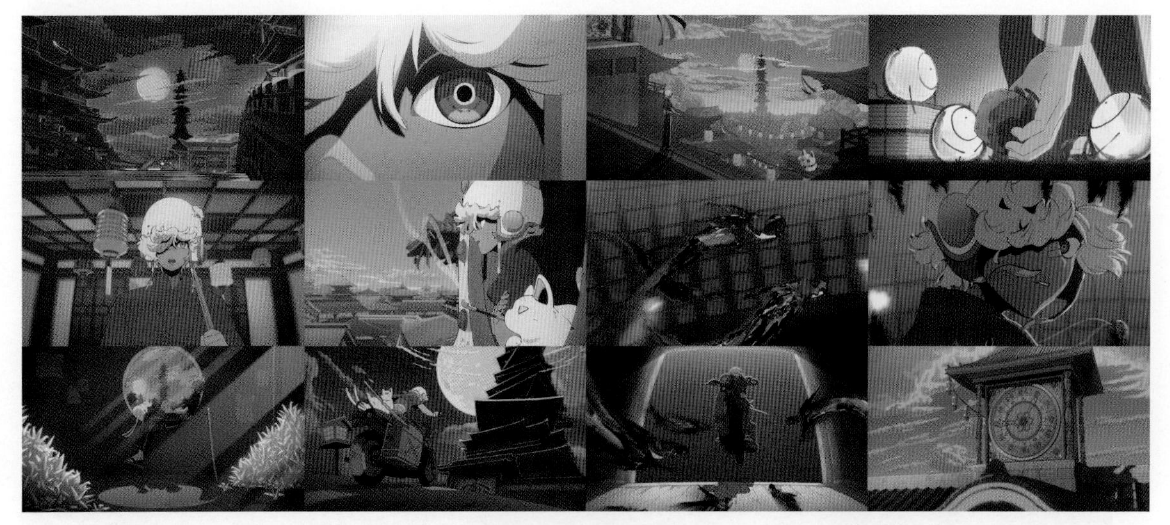

MV- めいちゃん「今に見てろよ！」(©Universal Music LLC/めいちゃん | 2022) Director: 土海明日香, Assistant Director: 史耕, Animation Production: 騎虎 × Folium

036/100

軌跡/邵雪晴　Kiseki/HaruSHAO

CATEGORY/ 2D Animation, MV, CM, PV, Special Cut

E-MAIL/ shaoanimation@gmail.com
URL/ shaoanimation.com

アニメーション作家。1991年中国生まれ、東京藝術大学大学院映像研究科アニメーション専攻を修了後、東京を拠点に活動。主にEDアニメーション、MV、スペシャルカットの案件を担当する。アニメーターとしてテレビアニメにも関わる。フレーム単位の変化にこだわった演出と、アナログ画材の持つ偶然性と一回性を強調したアートスタイルが特徴。その上で、プロデュース能力を活かし、実験的でありながら視聴者に感動を届けられる作品をつねに目指している。

ED Animation - アニメ「電器少女」(©bilibili/ 声光騎士 | 2023)
Director / Animation: 邵雪晴, Choreography: 岩本友美, 脇田圭佑,
Cooperation: 大白, Zacksora

Original Animation - コンセプトムービー「.focus/ 集まる場所」(2019)
Director / Animation: 邵雪晴, Assistant: 花日, 許天暢

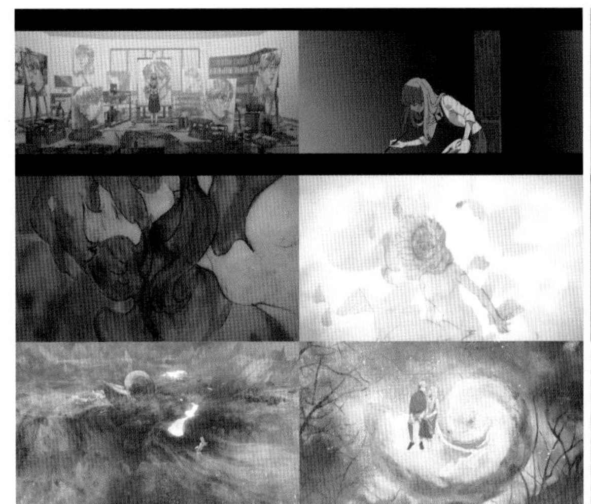

Animation MV - 2018年bilibili動画拝年祭作品「Palette」(©bilibili | 2018)
Producer: 平安夜的悪夢, Original Song: ゆよゆっぺ, meola,
English Lyrics / Song: mes, Director: 軌跡, Drawing: 軌跡, BanySUN,
Art: 安子申, Zacksora, 3DCG: 顧衛楽, Cooperation: Azure 碧空

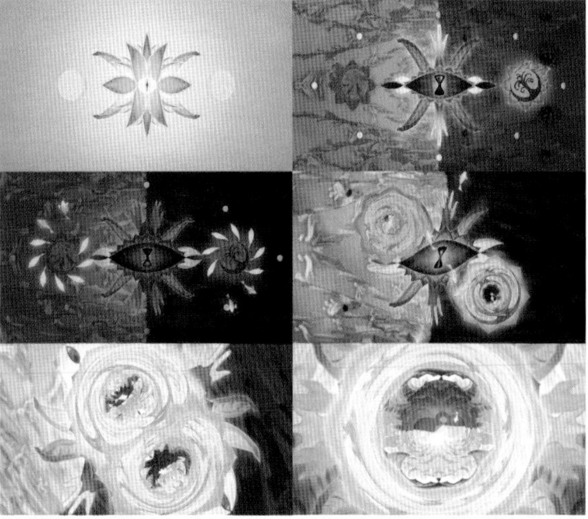

Special Cut - アニメ「大王饶命」OPアニメーション・曼荼羅風スペシャルカットパート
(© 企鵝影視 / 騰訊動漫 / 大火鳥文化 | 2021)
Director / Storyboard / Production: シュウ浩嵩, Special Cut Production: 邵雪晴

037/100

近藤 樹　Tatsuki Kondo

CATEGORY/ Installation, Movie, Audio Visual Performance, Projection Mapping

BELONG TO/ WOW inc.
TEL/ +81(0)3 5459 1100 (WOW inc.)
E-MAIL/ kondo@w0w.co.jp
URL/ tatsukikondo.com, www.w0w.co.jp

光や風、動力といった身近にある現象を取り入れた空間演出やインスタレーション、映像作品を多数制作。媒体や技術の枠を超え、様々な要素を適切に組み合わせ・配置する多角的なアプローチを得意とする。近年では、より体験者の心を動かす作品づくりにフォーカスしている。

3DCG, Installation, Motion Graphics, Projection Mapping, Original -「WOW 25 "Viewpoints" from Unlearning the Visuals」(©WOW inc. | 2022)
Director: Tatsuki Kondo, Co-director / Designer: Itsuki Maeshiro, Takafumi Matsunaga, Designer: Tsutomu Miyajima, Hiroshi Takagishi, Yutaro Mori, Haruka Kanno, Producer: Yasuaki Matsui, Sound Design: Yuki Tsujimura, Design Cooperation: HAKUTEN, Technical Design / Equipment: Prism Co., Ltd.

Installation, Event -「Reflective tree」(2022) Creative Director: Kosuke Oho, Director / Designer: Tatsuki Kondo, Sound Design: Masato Hatanaka, Producer: Shinichi Saeki, Researcher / Assistant Producer: Ken Ishii, Technical Direction: Shohei Takei (nomena), Manufacturing and Construction Management: Kohei Chishaki (nomena), Mechanical Design: Satoru Kusakabe (Perspectives), Structural Design: Shusaku Ota, Lighting: Prism Co., Ltd., Shooting: Daisuke Ohki

038/100

KOO-KI

CATEGORY/ CM, PV, MV, VI, Drama, Movie, Animation, App, Interactive

TEL/ +81(0) 92 713 4815
E-MAIL/ koo-ki@koo-ki.co.jp
URL/ koo-ki.co.jp

1997年設立。福岡・東京・大阪と3拠点で国内外のCM、PV、ドラマ、映画、MV、アプリ、インタラクションなどの企画、演出、クリエイティブディレクション、アートディレクション、制作までを一貫して行う。手掛ける映像はエンターテイメント性の高い世界観に定評があり、250以上の受賞実績を持つ。実写・CGなど幅広い表現手法を得意とし、CGは2D・3Dを問わずモーショングラフィックス、キャラクターアニメーションにも高い評価を得ている。

Movie for shop - KINCHO「ダニがいなくなるシート 置いてください劇場」(2022) Director: 白川東一

CM - 楽天モバイル「楽天モバイル iPhone 14 Pro 日本の携帯キャリアで一番安い！」篇 (2022) Director: 上原桂

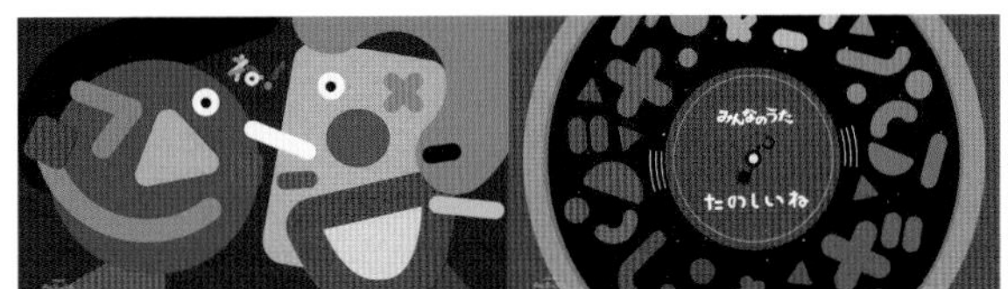

Animation - NHKみんなのうた「たのしいね」(©NHK ／ KOO-KI | 2022) Animation: 白川東一

Opening Movie -【白猫GOLF】オープニングムービー (©COLOPL, Inc.) Director: 木綿達史

CM - BAYBROOK「FREE STYLE」篇 (2021) Director: 山内香里

MV - KOTORI「こころ」(2022) Director: 生嶋 就

Exhibition Movie - 佐賀県立名護屋城博物館「よみがえった黄金の茶室と名護屋城」(2022) Director: 原口甲斐

Interactive - 不二輸送機工業「FUJI EXPERIENCE」(2020) Director: 高村 剛

Interactive - アミュプラザくまもと『杜のななふしぎ』-「おもいでの水辺」「こだまの小路」「つたえる花」「うつし石」「ささやきの岩」「ひかりの源」(2021) Director: 高村 剛

039/100

倉澤紘己 Hiroki Kurasawa

CATEGORY/ Animation, CG, MV, Experimental Film

E-MAIL/ kurahiro0608@gmail.com
URL/ www.instagram.com/kurasawa_hiroki

1999年生まれ。東京藝術大学大学院映像研究科在学中。短編アニメーションを主に制作。3DCGを用いて、絵画的な複雑な深みを持った映像表現を探究している。画面全体から温度、匂い、情感が伝わるような映像を目指している。NHKみんなのうた「Replay」などを制作。ぴあフィルムフェスティバル2021入選。

Animation / CG -「えんそくだったひ」(©KURASAWA Hiroki | 2023)

Animation / CG / MV / Experimental Film -「KURASAWA Hiroki Showreel」(©KURASAWA Hiroki | 2023)

040/100

くろやなぎてっぺい
Teppei Kuroyanagi

CATEGORY/ CM, MV, Web, Original, Music, Art

BELONG TO/ P.I.C.S.management
TEL/ +81(0)3 3791 8855
E-MAIL/ post@pics.tokyo
URL/ www.pics.tokyo/member/teppei-kuroyanagi,
www.nipppon.com

企画と映像と音楽、ときどきアート。交通警備員を経て、デザインと出会う。CM、MV、テレビ番組、音楽、メディアアート、パフォーマンスなど活動は多岐にわたる。SDGsを始めとするソーシャルプロジェクトに携わる。芸術分野では文化庁メディア芸術祭、アルス・エレクトロニカを始め、国内外のメディアアートフェスティバルに参加。またバンド 1980YENでは、音楽、映像、美術、ネットをミックスした独自のスタイルで活動中。

Web Movie - BAO BAO ISSEY MIYAKE S/S 2022 SEASON MOVIE "LUCENT W COLOR" (©ISSEY MIYAKE INC. | 2022)

Web Movie - PLEATS PLEASE ISSEY MIYAKE S/S 2022 SEASON MOVIE (©ISSEY MIYAKE INC. | 2022)

041/100

株式会社ライト・ザ・ウェイ
LIGHT THE WAY Inc.

CATEGORY/ CM, Web Movie, MV, VP, Motion Graphics, CI(Motion Logo), Advertisement, Documentary, Animation, PR Movie, Title Movie, Brand Movie

TEL/ +81(0)3 6434 0273
E-MAIL/ info@light-the-way.jp

LIGHT THE WAYは映像を軸としたデザイン会社。映像制作、Webデザイン、グラフィックデザインなど、複数のクリエイティブを提供する。リサーチからコンセプト策定までのプロセスを共通化し、様々な領域を横断した企画立案からプロモーション実施までをワンストップで行っている。コミュニケーションの課題解決や、ブランドデザインをはじめとした事業の新たな価値創造に貢献することを目指している。

Digital Signage -「Bridgestone Proving Ground」(©Bridgestone Corporation | 2022) Agency: AXIS Inc., Producer: Yu Satake, Production: LIGHT THE WAY Inc., Director: Takehiko Nishizawa, Yusuke Shiraki, CG Moving Image: Yusuke Shiraki, Yurika Mitsumori, Art Director: Takehiko Nishizawa, Designer: CKAK DESIGN

Promotion Movie -「NEC the WISE × COEDO 人生醸造craft」(©NEC Corporation | 2020)
Agency: DENTSU INC., Production: STRIPES, INC., LIGHT THE WAY Inc., Director: Takehiko Nishizawa, CG Moving Image: Hiroki Morishige, Yurika Mitsumori

042/100

リキ　LIKI inc.

CATEGORY/ TVCM, Web CM, Web Movie, MV

TEL/ +81(0)3 6412 7285
E-MAIL/ info@likiinc.com
URL/ www.likiinc.com

LIKI inc.はCM、MV、ライブ･イベント映像、Webムービーなど、近年加速度的に増えてゆくあらゆる映像メディアにおいて、モーショングラフィックスやCGを中心に据え、トータルでデザインされたムービーを提供している。単なる映像ではない、時間に沿ったデザイン、映像でしか表現できないビジュアルを追求する。「映像が必要な人に、必要な映像を。それも良質なデザインされた映像を」。LIKI inc.はそんな映像を世の中に送り出すことを目指している。

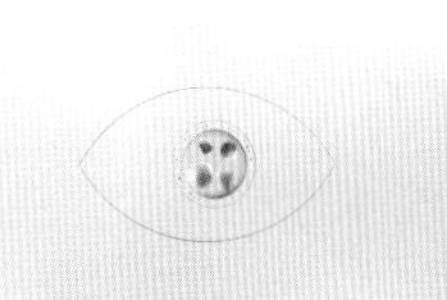

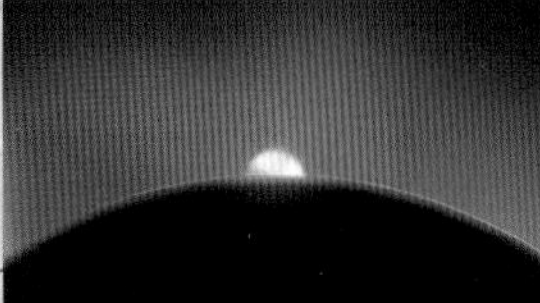

CM -「Designship」(一般社団法人デザインシップ | 2022)

TVCM -「福田道路ブランドムービー TVCM」(福田道路株式会社, 株式会社デジタル・アド・サービス, 株式会社EPOCH | 2021)

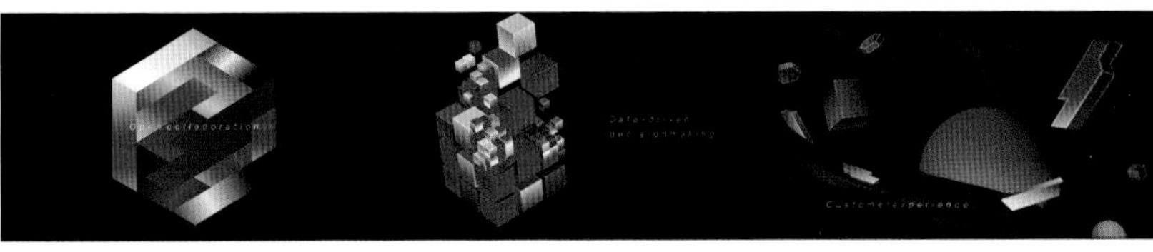
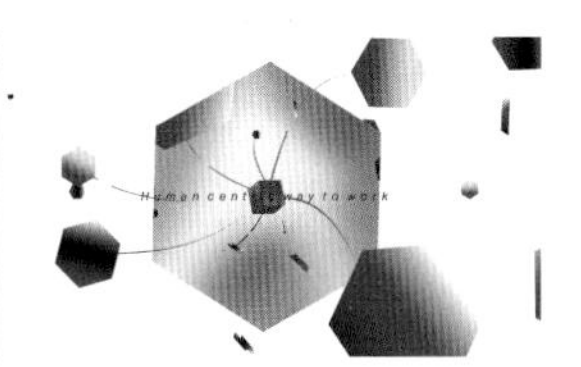

CM -「富士通フジトラコンセプトムービー」(富士通株式会社 | 2020)

Event Movie -「LINE SMB DAY Opening」(LINE株式会社 | 2020)

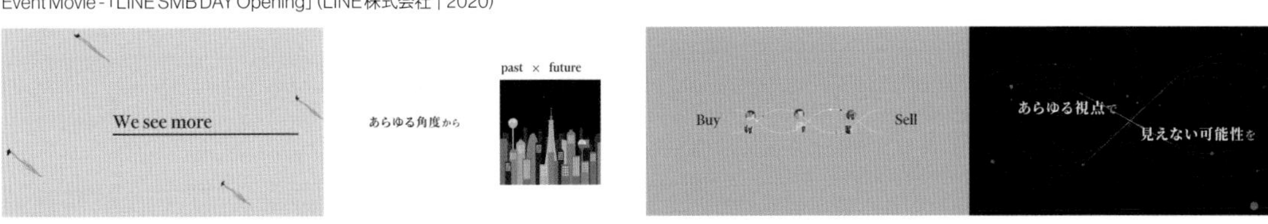

Brand Movie -「CBRE ブランドムービー」(シービーアールイー株式会社 | 2022)

CM -「FUTURE VISION 203X ～働き方開花～」(2022) Client: 株式会社オカムラ, Agency: Ligh.

043/100

まちだりな　Lina Machida

CATEGORY/ MV, CM, Short Movie

TEL/ +81(0) 90 3904 2909
E-MAIL/ machidalina@gmail.com
URL/ machidalina.wixsite.com/my-site

アニメーション作家。1997年生まれ。2021年東京藝術大学デザイン科卒業。2023年東京藝術大学大学院映像研究科アニメーション専攻修了。MVやCMなど様々に手掛け、個人の短編映画作品では国内外で展示や上映されるなど、幅広く活動している。厚塗り絵の具をはじめとしたアナログ表現を主として、ポップでユーモアのある画風でありながら、毒のある世界観を展開する。

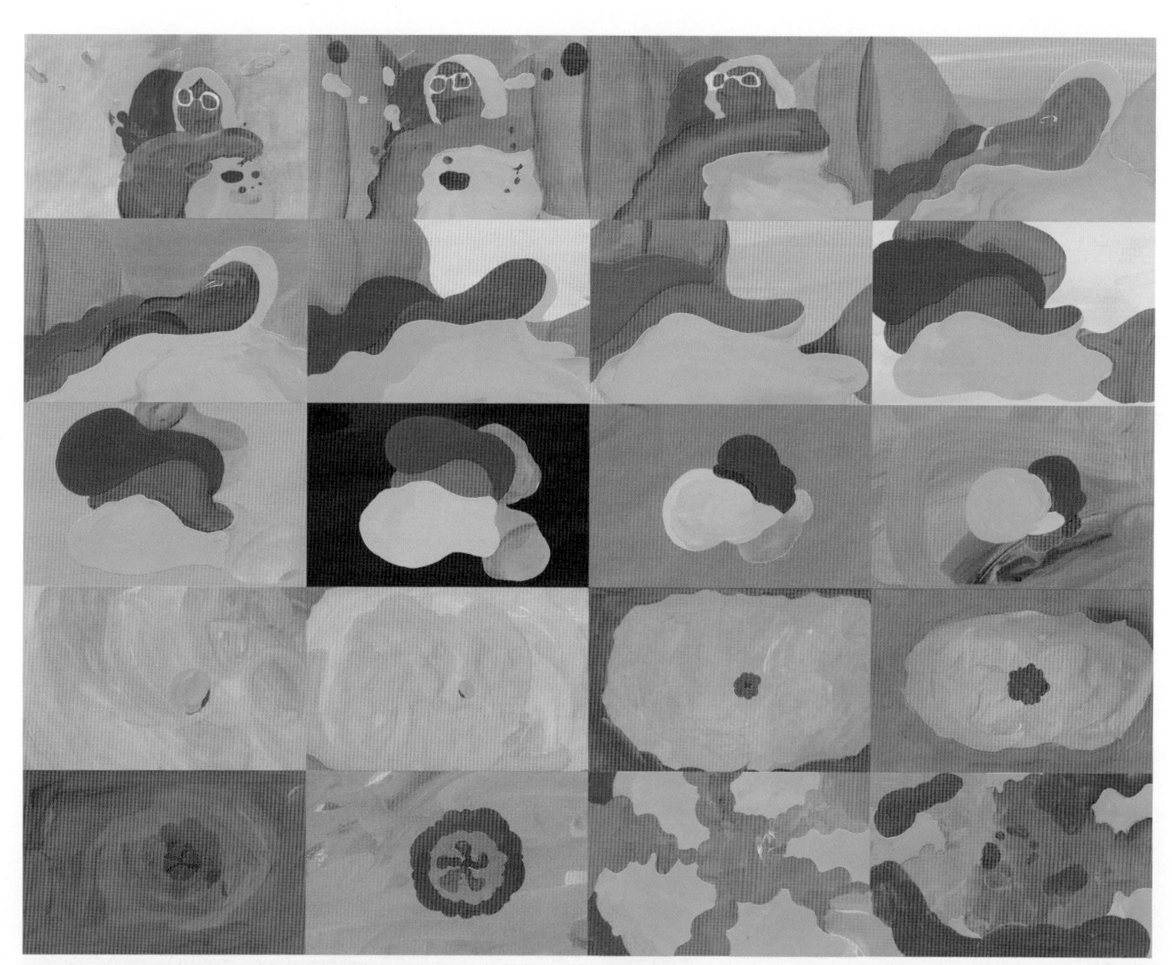

Animation - 「22s UT WEAR YOUR WORLD」 (2022) Animation: まちだりな

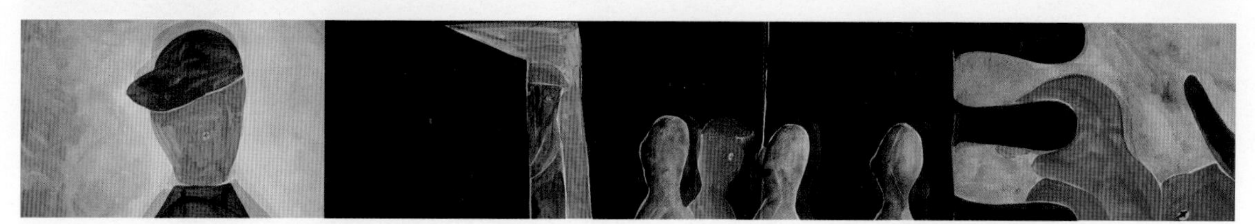

Animation - 「蟻たちの塔」 (2021) Director: まちだりな

044/100

マルルーン　malloon

CATEGORY/ MV

BELONG TO/ koe Inc.
E-MAIL/ malloon@koe-inc.com
URL/ www.koe-inc.com/members/malloon

2003年生まれ。映像作家。武蔵野美術大学映像学科在学中。主にMVを手掛ける。実写とCGが織りなす違和感、中毒性のある動き、極彩色の作風が持ち味。これまでにきゃりーぱみゅぱみゅ、SHISHAMO、アイナ・ジ・エンドなど、多数のMVを演出。

MV - Kabanagu + 諭吉佳作/men「すなばピクニック」(2021) Director: マルルーン

MV - Mega Shinnosuke「明日もこの世は回るから」(2019) Director: マルルーン

045/100

maxilla

CATEGORY/ Advertisement, Video

BELONG TO/ 株式会社Helixes
TEL/ +81(0)3 5829 6856
E-MAIL/ info@maxilla.jp
URL/ maxilla.jp

クリエイティブエージェンシー／ビジュアルプロダクション。クリエイティブを用いて、ブランドに新たなストーリーを紡ぐことを得意とする。課題解決に向けて最適なプランニングを設計し、実装までを一貫して提供する。最善の形態を創出するために、グラフィック、映像、デジタルなど、固定の手法に拘らず、既存の範疇にとどまらない新しい表現を常に行っている。

PV -「VALORANT Challengers Japan」(©2023 Riot Games, Inc. Used With Permission. | 2023) Director, Editor: Kazuya Futagoishi, Direction Supervisor: Takahito Matsuno, Account Producer, Creative Planner: Shintaro Toshima, Producer: Daichi Tanaka, Production Manager: Rise Haneda

Live - yama「yama LIVE COLLECTION 2020 - 2022」(2022) Director: Yuya Yamaguchi, Producer: Tsuyoshi Yabuki

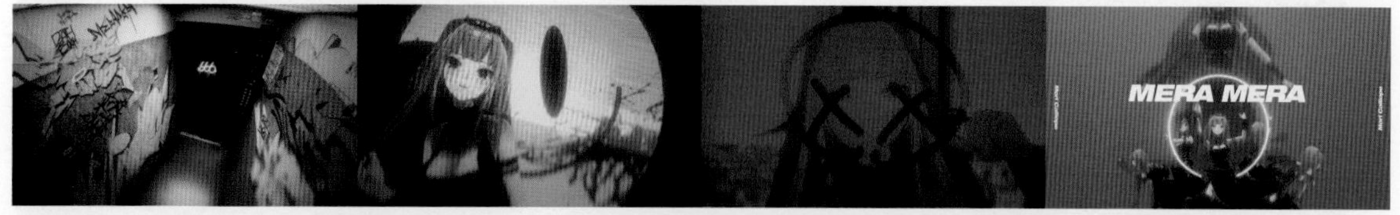

MV - Mori Calliope「MERA MERA」(©UNIVERSAL MUSIC LLC | 2022) Director, Edit & Composition: Takahito Matsuno, Producer: Seiya Suzuki

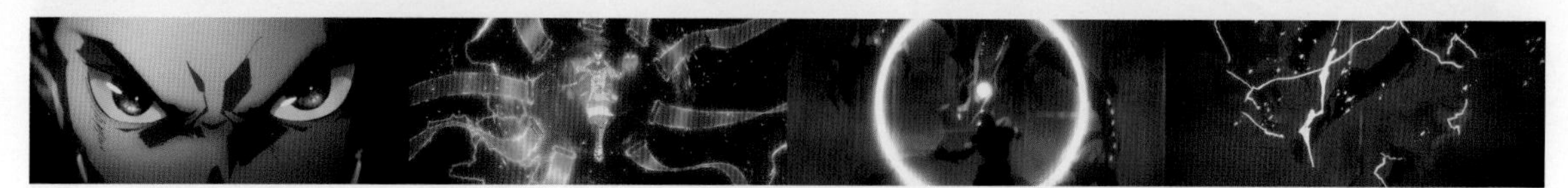

PV -「Magic: The Gathering Kamigawa: Neon Dynasty animation」(TM & ©2023 Wizards of the Coast LLC | 2022) Planning & Produce: Takahito Matsuno, Animation Director, Composite, Color Grading & Edit: Yuki Kamiya, Producer: Daichi Tanaka, Assistant Producer: Shiho Nakase, Music Producer: Seiya Suzuki, 3DCG: Takahito Matsuno, Charles Chung, Motion Graphics: Kazuya Futagoishi, Effect Animator: Mami Sonokawa, Animation Studio: WIT STUDIO

046/100

擬態するメタ　Mimicry Meta

CATEGORY/ MV,PV,CM

BELONG TO/ INTRO
E-MAIL/ gitameta.info@gmail.com
URL/ intro-label.com

アニメ作家／イラストレーターのしまぐちニケと映像作家のBiviによるアニメーション制作ユニット。「企む（たくらむ）アニメーション」をテーマに、技法や常識に縛られない実験的、挑戦的な作品を制作する。ずっと真夜中でいいのに。「猫リセット」やTOOBOE「心臓」など人気楽曲のMVを手掛けるほか、2022年4・5月放送のNHK「みんなのうた」にてJr.EXILE「金色のバトン」の映像を担当。また、TVアニメ「チェンソーマン」のエンディング・テーマとなったTOOBOE「錠剤」のMV制作も担当している。

Original - 擬態するメタ「企劇」(2021) Movie: 擬態するメタ

MV - TOOBOE「心臓」(2022) Movie: 擬態するメタ

047/100

minmooba

CATEGORY/ Advertisement, Web, Branding, Explainer, MV

BELONG TO/ mooba studio Inc.
E-MAIL/ minmooba@moobastudio.com
URL/ moobastudio.com

mooba studio Inc. 主宰。ビジュアルアーティスト。関西育ち、東京在住。ノンバイナリー。英国留学、制作会社、外資系企業などを経て独立。イラストやデザインを活かしたわかりやすくてやわらかい表現が得意。イベントやセミナー登壇、執筆多数。Adobe MAX登壇、Adobe Creative Cloud広告出演。

Advertisement - 日経電子版「U23割ロング」(2022) Producer / Director: minmooba

Branding - 「BCL カンパニー 企業理念MOVIE」(2022) Producer / Director / Art Director: minmooba

MV - ボードゲーム「まっぷたツートンソウル」(©2021 Konami Digital Entertainment | 2021) Motion Graphics Director / Designer: minmooba

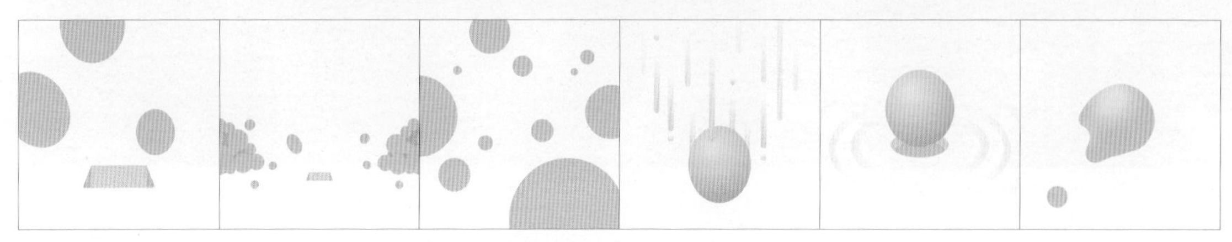

Web - 「Crezit Holdings コーポレートサイト ミッション」(2022) Mission Motion Graphics Director / Animation: minmooba

048/100

水江未来　Mirai Mizue

CATEGORY/ Animation, MV, CM, Web Movie, Short Film

BELONG TO/ 株式会社ミライフィルム
E-MAIL/ mirai0714mizue@yahoo.co.jp
URL/ aboutme.style/mirai_mizue

「細胞」や「幾何学図形」をモチーフにした抽象アニメーションのオリジナル作品を多数制作し、国際映画祭を主軸に活動をしている。世界4大アニメーション映画祭（アヌシー・オタワ・広島・ザグレブ）すべてにノミネート経験があり、アヌシー国際アニメーション映画祭で2度の受賞歴を持つ。また、2011年のヴェネチア国際映画祭、2014年のベルリン国際映画祭では、正式招待作品としてワールドプレミア上映された。

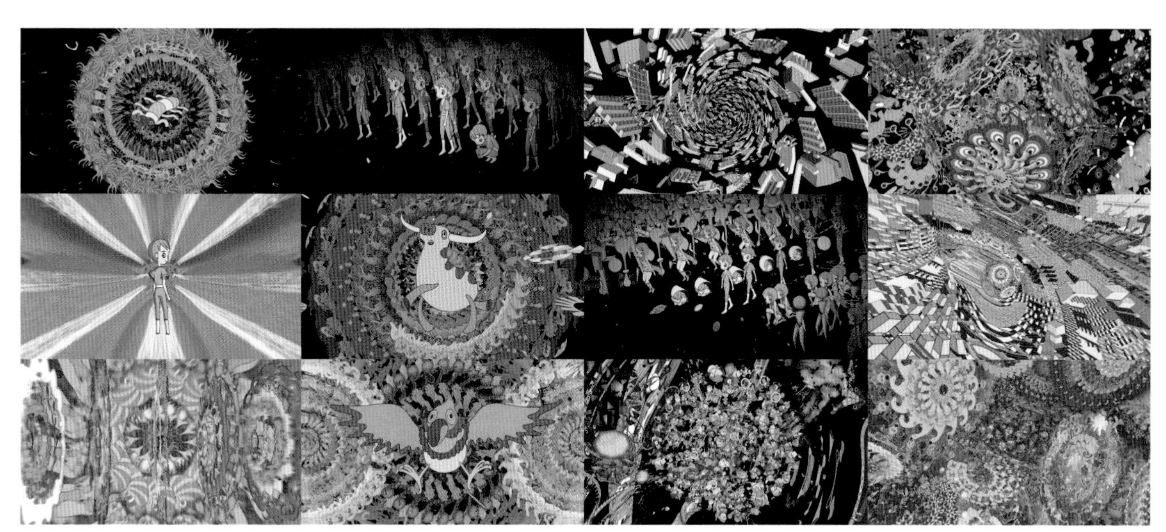

Short Film -「ETERNITY」(©MIRAIFILM | 2022)

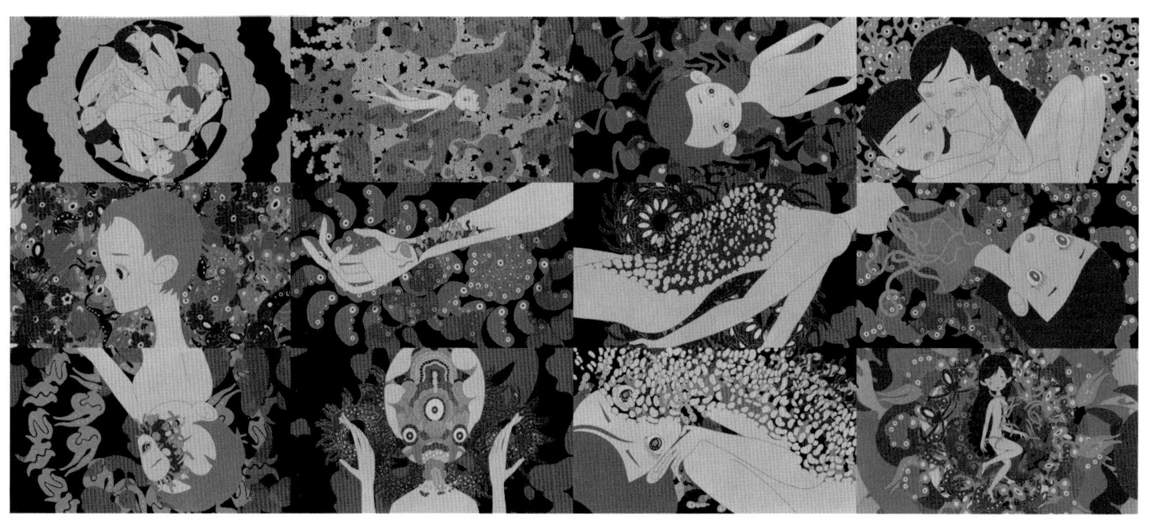

MV - Maison book girl「悲しみの子供たち」(©MIRAIMIZUE | 2020)

049/100

水井 翔　Kakeru Mizui

CATEGORY/ Branding Movie, VP, Title Back, MV, CM, Web, Motion Logo

BELONG TO/ momo.inc.,, PARTY
TEL/ +81(0) 90 8983 7051
E-MAIL/ kakeru.mizui@gmail.com,
mizui@momo-inc.net (momo.inc)
URL/ mizuikakeru.com

ディレクター／映像デザイナー。2020年独立。フリーランスとしてmomo.incとマネジメント契約する傍ら、PARTYではVideo Designerとしてチームのクリエイティブに関わる。表現方法を横断しながらグラフィック、アニメーションを展開。近年はWIRED、ミツカンZENB、NHKスペシャル番組デザイン・演出など社会・環境問題に関与したものを多く手掛ける。

Concept Movie - 日本ペイント・オートモーティブコーティングス「LOOP」(©NPAC | 2021) Director: Kakeru Mizui, Music: Shinya Kiyokawa, Hiroyuki Himeno

Concept Movie - 「MdN デザイナーズファイル 2022」(2022)
Designer: Masaki Hanahara, Director: Kakeru Mizui, Music: Satoshi Murai, Client: 株式会社エムディエヌコーポレーション

050/100

水野開斗　Kaito Mizuno

CATEGORY/ Motion Graphics, Animation

E-MAIL/ mizuno.kaito@gmail.com
URL/ kaito-mizuno.tumblr.com

1992年京都府生まれ。京都芸術大学情報デザイン学科卒業。デザイン会社を経て、2019年よりフリーランス。CM、企業ブランドムービー、タイトルロゴなど、モーションデザインを主軸として活動。ディレクションからグラフィックデザインまで幅広く手掛ける。日常に潜む動きの観察や視覚的な遊びからくるイメージを表現に変えながら、映像とデザインの関わりを強く意識した作品制作を行う。

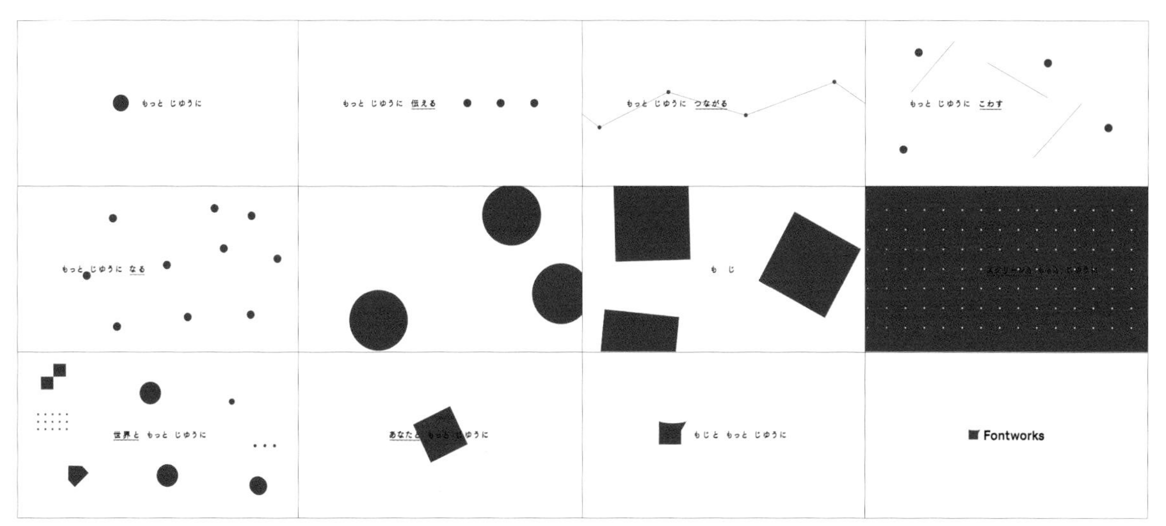

Brand Movie - 「もじと もっと じゆうに」 (©Fontworks | 2019) Director: Kaito Mizuno

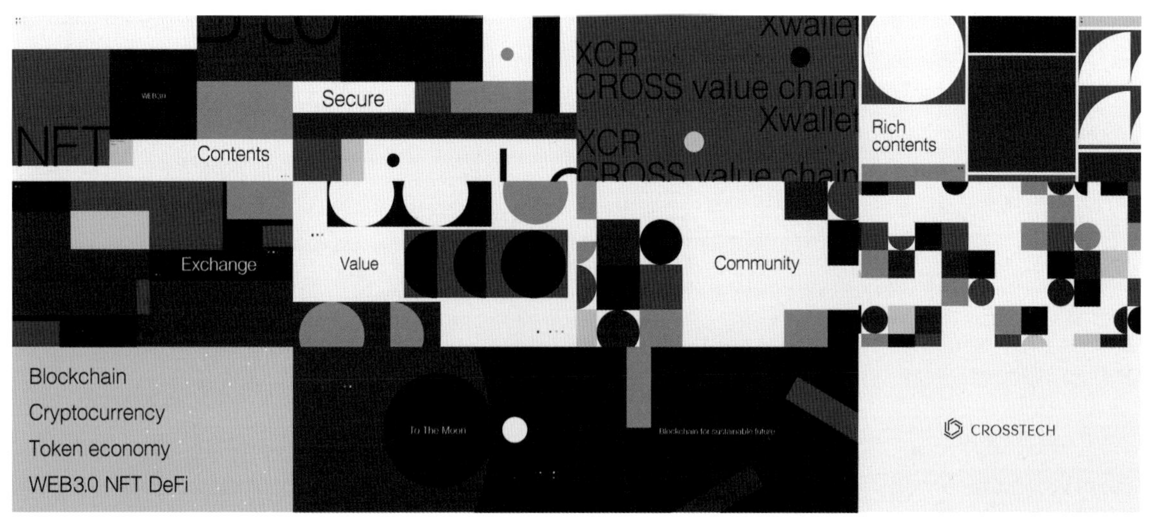

Concept Movie - 「CROSSTECH」 (©CROSSTECH | 2022) Director: Kaito Mizuno

051/100

水尻自子　Yoriko Mizushiri

CATEGORY/ 2D Animation, MV, CM, Web

E-MAIL/ yoriko@imoredy.com
URL/ www.imoredy.com

アニメーション、映像作家。身体の一部や日常的なモチーフをアニメーションで感触的に表現する。短編アニメーション作品を制作する傍ら、MVや広告、Webコンテンツ、展示映像などの制作を手掛ける。短編作品は国内外の数々のフェスティバルで上映・受賞している。2022年、十和田市現代美術館「インター＋プレイ」展第3期の出展作品として「不安な体」を発表。同作はカンヌ国際映画祭監督週間コンペティションでプレミア上映後、10を超える国際賞を受賞。

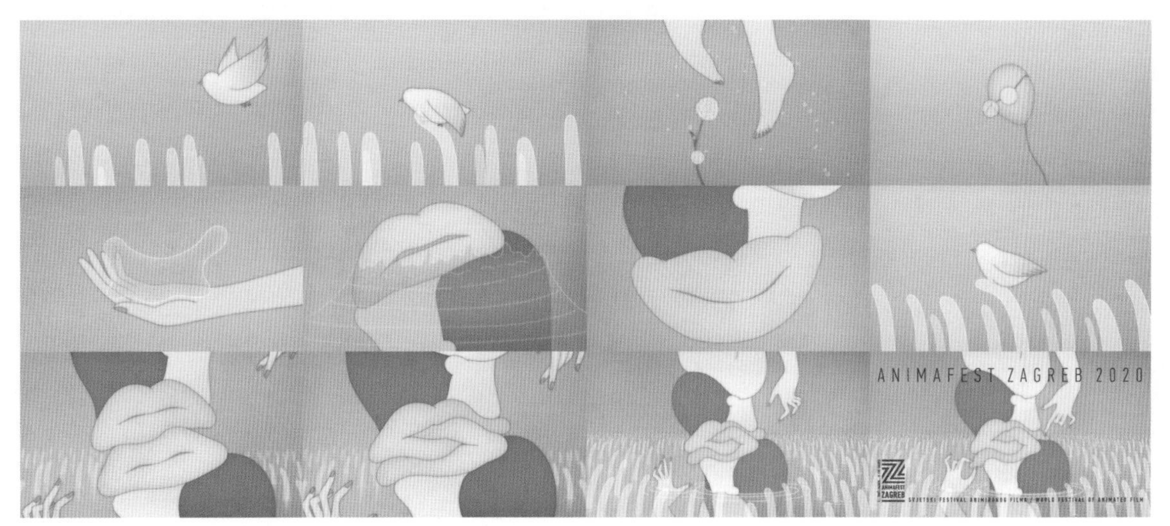

2D Animation, Short Movie - 「Animafest Zagreb 2020 Official Festival Trailer」 (©Yoriko Mizushiri | 2020) Director / Animation: Yoriko Mizushiri, Music: Kengo Tokusashi

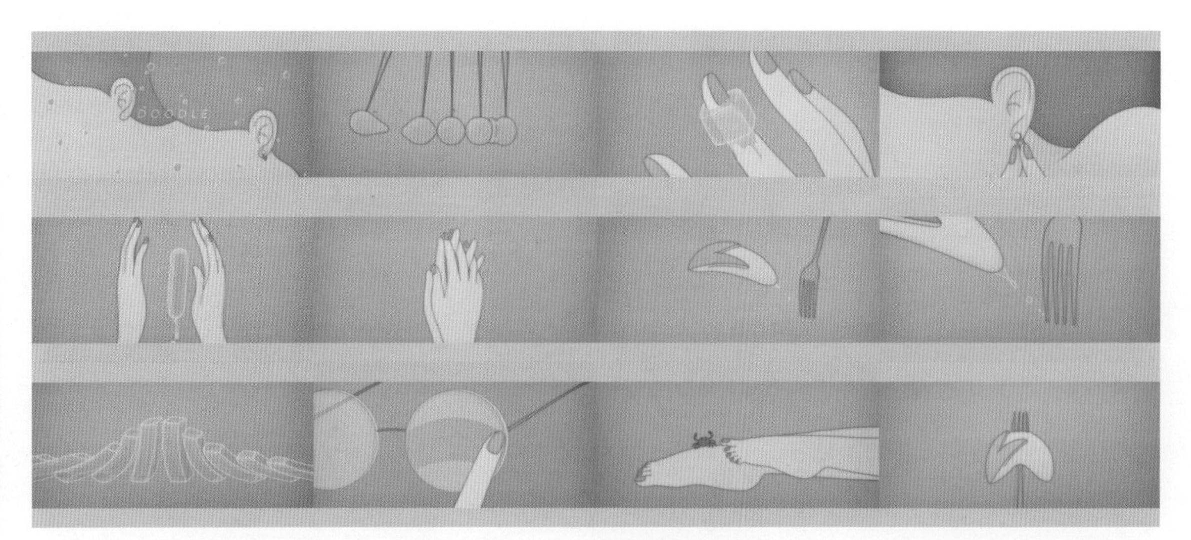

MV - UCURARIP 「DOODLE」 MV (©Yoriko Mizushiri ©UCURARIP | 2020) Animation: Yoriko Mizushiri, Song: UCURARIP

052/100

持田寛太　Kanta Mochida

CATEGORY/ 3DCG, Interactive Art, Installation, Product Device

E-MAIL/ kantamochida@gmail.com
URL/ www.kantamochida.info

1991年生まれ。多摩美術大学情報デザイン学科メディア芸術コース卒業。3DCGIを軸に映像作家、映像監督、3DCGIアーティストと様々な役を横断しジェネラリストとして活動。現在は立体作品、プロダクトデバイス開発に力を注いでいる。近作にNHK『LIFE』や『ニャンちゅう！宇宙！放送チュー！』のOP/ED、また2020年と2021年にはPLEATS PLEASE ISSEY MIYAKE HOLIDAY MOVIEの監督を務めた。

PV - PLEATS PLEASE ISSEY MIYAKE「ENCHANT and ONE STEP」HOLIDAY MOVIE 2022(© 2022 ISSEY MIYAKE INC.)
Director: Kanta Mochida, Brand: PLEATS PLEASE ISSEY MIYAKE, Client: ISSEY MIYAKE INC., CGI Artist: Kanta Mochida, Sound Producer: Manato Kemmochi (GRANDFUNK INC.), Composer: Dan Kubo(1e1), Player: Yohchi Masago(Tp), Kanade Shishiuchi(Tb), Kazuya Hashimoto(Sax), Kyojun Tanaka(Dr)
Recording Engineer: Yoshimasa Wakui, Mix Engineer: Hiroaki Sato(molmol), Music Production: GRANDFUNK INC.

PV - THE NORTH FACE Sphere Concept Movie「POWERS OF RUN」(©GOLDWIN | 2022)
Creative Director, Art Director: Ryohei Kaneda (YES), Movie Director, CGI Artist: Kanta Mochida, Copywriter, Researcher, Translator: Yusuke Nishimoto (SUB-AUDIO), Music by haruka nakamura, Brand Creative: Hiromichi Tanaka , Souta Osaki

053/100

中間耕平　Kouhei Nakama

CATEGORY/ CM, MV, Exhibition Movie

BELONG TO/ WOW inc.
TEL/ +81(0)3 5459 1100 (WOW inc.)
E-MAIL/ nakama@w0w.co.jp
URL/ kouheinakama.com

2009年よりビジュアルアートディレクターとしてWOWに参加。CM、MV、展示映像などのディレクションやデザインを行う。オリジナル作品「DIFFUSION」「CYCLE」「MAKIN' MOVES」は3作品ともVimeo Staff Picksに選出され、中毒性の高い世界観で国内外から注目を集める。近年は活動を海外にも広げ、NIKE、Dropbox、Coca-Cola、Adobeなどのグローバルキャンペーンに参加している。

MV, 3DCG - Ummet Ozcan「Oblivion」(2022) Director / CG Designer: Kouhei Nakama, Producer: Ko Yamamoto

3DCG, Short Movie -「Body Pattern」(©Kouhei Nakama | 2022)

054/100

西郡 勲　Isao Nishigori

CATEGORY/ CM, MV, Web, Live Show, Projection Mapping, Illumination

BELONG TO/ 株式会社SMALT
TEL/ +81 (0) 90 4915 2166
E-MAIL/ isao1355@dance.ocn.ne.jp
URL/ smalt.co.jp

1975年生まれ。高校時代よりVJを始める。MTV station-IDコンテストグランプリ受賞をきっかけにMTV Japan入社。P.I.C.S.を経てフリーランスへ。2009年、株式会社SMALTを設立。CM、MVのほか、大型映像、プロジェクションマッピング、プラネタリウムなどを演出。近年は四角い枠を越え、音楽と映像を駆使した舞台映像や体験型イルミネーションの演出を手掛ける。

Web - CHISO 2022FW「花と鳥と」(©Chiso co., Ltd. | 2022)

Opening Movie -「サバニシアター展示映像」(2022) Facility: シャボン玉せっけん くくる糸満, Business Owner: 糸満市, Exhibition Plan / Design / Production / Construction: 株式会社丹青社, Movie Production / Movie Direction: 株式会社ピクス

055/100

ぬQ　nuQ

CATEGORY/ CM, MV, Short Movie

E-MAIL/ jpnk.contact@gmail.com
URL/ nuq.o.oo7.jp

アニメーション作家。ポップでカラフルな作風でキャラクター「一郎」と「ふたこ」が動き回るアニメーション作品を中心に、CM、MV、キャラクターデザイン、装画など幅広く活動中。オリジナル作品「サイシュ〜ワ」が第23回文化庁メディア芸術祭アニメーション部門審査委員会推薦作品に選出されるなど、国内外で多数上映されている。

Animation -「FamilyMartVison」(2022) Animation: ぬQ

Animation -「豆しばハロウィン2022」(© DENTSU INC. | 2022) Animation: ぬQ, Creative Director: キムソクウォン, Art Director: 渡部祥子, Music: 名取将子

056/100

大橋 史　Takashi Ohashi

CATEGORY/ Motion Graphics, Animation, Audio Visual, MV

BELONG TO/ momo inc.
TEL/ +81(0) 90 9248 8393(Management)
E-MAIL/ takashi.1320013@gmail.com,
murakami@momo-inc.net (Management)
URL/ takashiohashi.com

モーショングラファー、アニメーションディレクター。1986年生まれ。2012年多摩美術大学大学院美術研究科デザイン専攻情報デザイン研究領域修了。オーディオビジュアル、非光学的ルック、モーフィングアニメーションを扱いながらアプリケーションの有限性・限界線を意識したアニメーション表現の研究と作品発表の活動をしている。2022年momo inc.に所属。アニメーテッドMVやTVアニメーションのED演出、ブランディングムービーなども手掛ける。

Short Movie -「君か君か」(2021) Director: Takashi Ohashi, Designer: Kazuya Kikkawa, Animator: Kazuki Sekiguchi, Compositor: Takashi Ohashi, Voice Actor: Hakushi Hasegawa, Mari Hino, Music: SKYTOPIA, Music Producer: Kazuna Hirose(Aiin), Sound Designer: Yuri Hasegawa(Sony PCL),Daisuke Abe(Sony PCL), Atsushi Kawabara(Sony PCL), Concept Planning: Sony PCL Inc., Producer: Maki Udagawa(Sony PCL), Production Manager: Doi Tsukawa(Sony PCL), Aya Kaijo(Sony PCL), Creative Director: Kotaro Ueda(TYME), Film Producer: Kyoichi Shibukawa(HOEDOWN)

Station ID -「SPACE SHOWER TV STATION ID - Shapeshifter」(2019) Director, Planner, Motion Grapher: Takashi Ohashi, Music: Tomggg, Character, Designer, Main Animator: Yukie Nakauchi, Animator: Takuto Katayama, Chikako Iwasaki, Komitsu, Painter: Akino Ohashi

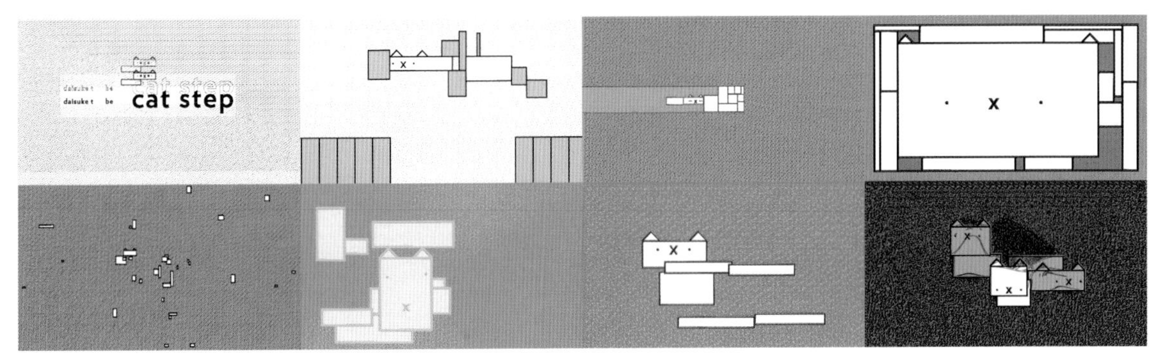

MV - Daisuke Tanabe「cat step」(2019) Animation: Takashi Ohashi, Music: Tanabe Daisuke

057/100

奥下和彦 Kazuhiko Okushita

CATEGORY/ Illustration, Animation

BELONG TO/ mimoid
E-MAIL/ contact@mimoid.inc

ディレクター／イラストレーター。クリエイティブハウスmimoid所属。2009年に制作した「赤い糸」が数々のコンペに入賞し、世界最大のデジタルフィルムフェスティバル「RESFest」ファウンダー Jonathan Wellsのキュレーションにより TED2010 Long Beachほかで同作品が上映されネット上の話題をさらう。近作にKANA-BOON「HOPE」ディレクションやアサヒスーパードライ「ビア語り」シリーズのアニメーションなど。

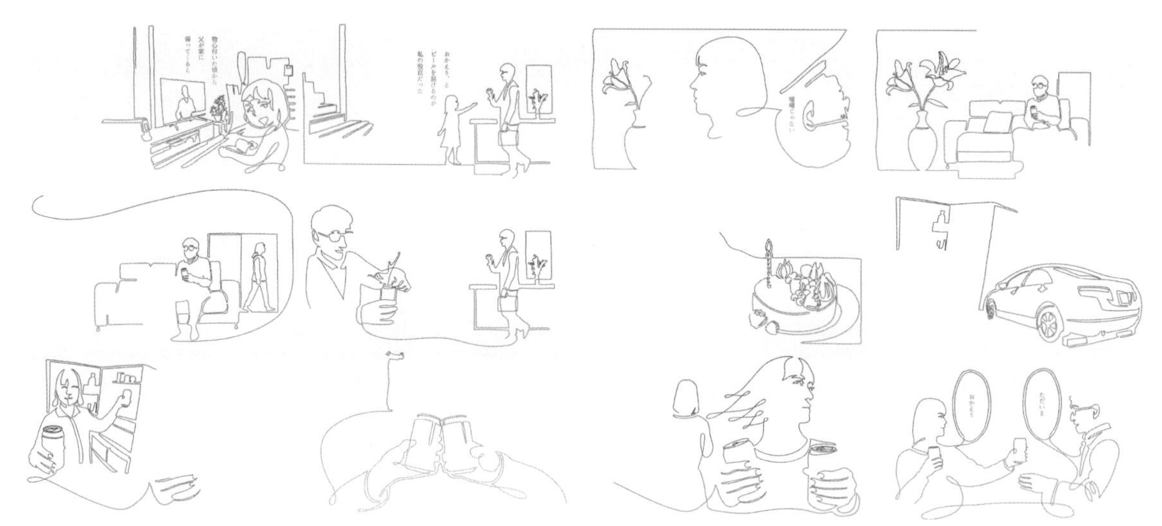

CM - アサヒスーパードライ「ビア語り 父とビール」(2022)

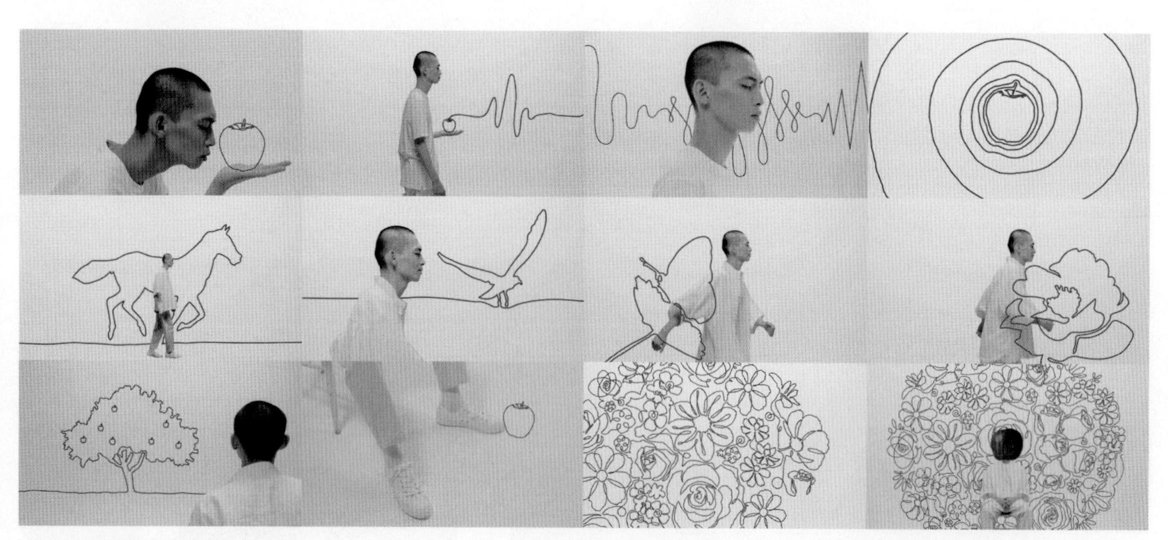

MV - KANA-BOON「HOPE」(2021)

058/100

小野龍一　Ryuichi Ono

CATEGORY/ MV, Live, Movie, Installation

TEL/ +81(0) 80 5327 3690
E-MAIL/ mail@ryuichiono.com
URL/ ryuichiono.com

兵庫県出身。映像作家、ビジュアルアーティスト。3DCGや実写、プログラミングの手法を用いて、MVや映画、ライブ演出、インスタレーション等に関わる。特撮やシュルレアリスム的表現から影響を受けており、積極的に取り入れている。近年の仕事では『シン・ウルトラマン』、『シン・仮面ライダー』にビジュアルデベロップメントで携わる。

MV - D.A.N.「Anthem」(2021) Director: 小野龍一

MV - ZOMBIE-CHANG「ROCK SCISSORS PAPER」(2020) Director: 小野龍一

059/100

オタミラムズ　OTAMIRAMS

CATEGORY/ MV, PV, Promotion Video, 2D, 2D Animation, Web

E-MAIL/ hakuxhiraoka@gmail.com
URL/ otamirams.com

白玖欣宏と平岡佐知子からなるクリエイティブチーム。映像作品では、短編アニメーション作品がロッテルダム国際映画祭2010、香港国際映画祭2010などの国際映画祭にて招待上映を果たす。また、平井 堅「ON AIR」、水曜日のカンパネラ「桃太郎」の公式MVや、無印良品のアニメーションPVなどを手掛ける。 そのほかに、水曜日のカンパネラの多くのCDジャケット、『うんこドリル』(文響社)の挿絵、絵本『どんなかお？』(KADOKAWA)のイラストレーションなども制作している。

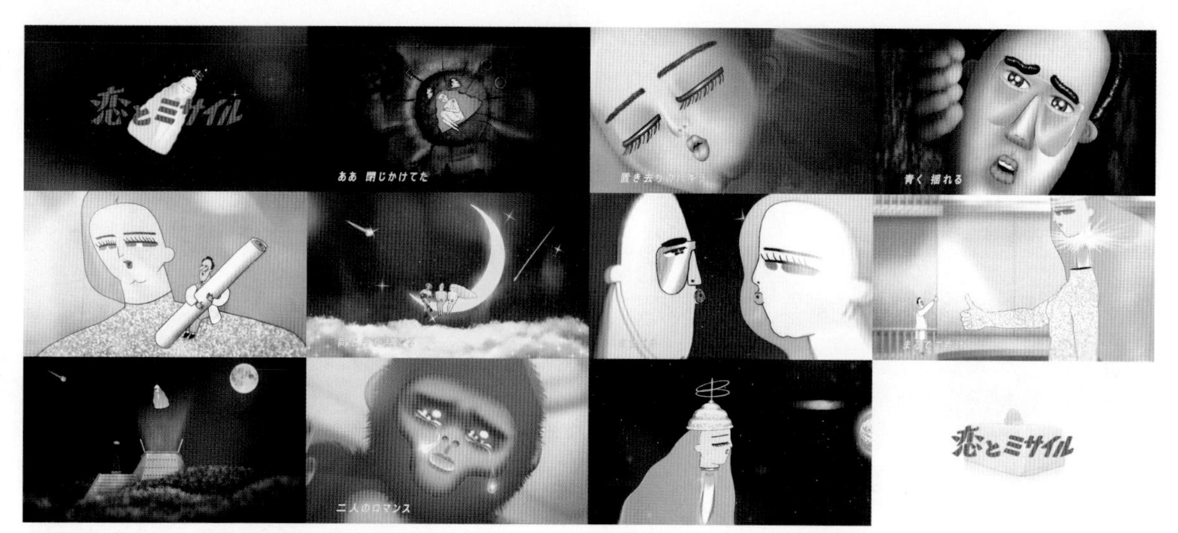

MV - tofubeats「恋とミサイル feat. UG Noodle」(© HIHATT / © Warner Music Japan Inc. | 2022) Director / Animation: OTAMIRAMS(白玖欣宏＋平岡佐知子)

Web Movie - ファイブミニ「OL外回り日和」篇(© 大塚製薬 | 2022)
Production: 電通, Movie Director / Animation: OTAMIRAMS(白玖欣宏＋平岡佐知子), Illustrator: 平岡佐知子, 鈴木旬

060/100

大谷たらふ　Tarafu Otani

CATEGORY/ Animation, Short Movie, MV, CM

E-MAIL/ tarafu23@gmail.com
URL/ www.facebook.com/tarafu.jp

アニメーション作家。音楽家やプログラマーと作家集団6ninで活動。国内外での作品上映、テレビ、PV、CMや展示用映像などに関わる。その後、現在はフリーランスとして活動中。第21回文化庁メディア芸術祭アニメ部門優秀賞受賞。アナログ／CGなど様々な技法のミクスチャーで音と抽象を軸に作品を制作。近年の主な仕事にNHK「みんなのうた」、電子音楽家SerphのMVおよびライブ用映像、絵本『メメントモリ』（文・大森元貴／KADOKAWA）の絵など。講師としても活動。

Animation MV - 立川翼「梅ふわり」（©オフィス翼／サンミュージック | 2023）Director / Animation: 大谷たらふ

Animation MV - Serph「lucy far」（©noble | 2022）Director / Animation: 大谷たらふ

061/100

que

CATEGORY/ MV, CM

URL/ ques.myportfolio.com

愛知県立芸術大学美術学部デザイン専攻卒業。MVディレクター、アニメーター、アニメーション作家、イラストレーターとして活動。近年の代表作に花譜×長谷川白紙 #98「蕾に雷」、Sci-Fi Prototyping「ONE DAY, 2050 | SENSE, 2050 | Odd Romance」、「"OUR ACTIONS" film series : A Sustainable Future」(Shiseido)、「NARUTO THE GALLERY コラボ映像 波の国編」などがある。

Twitter Movie -「JUSTIN BIEBER "PEACHES" TRIBUTE ANIMATION」(©que | 2021)

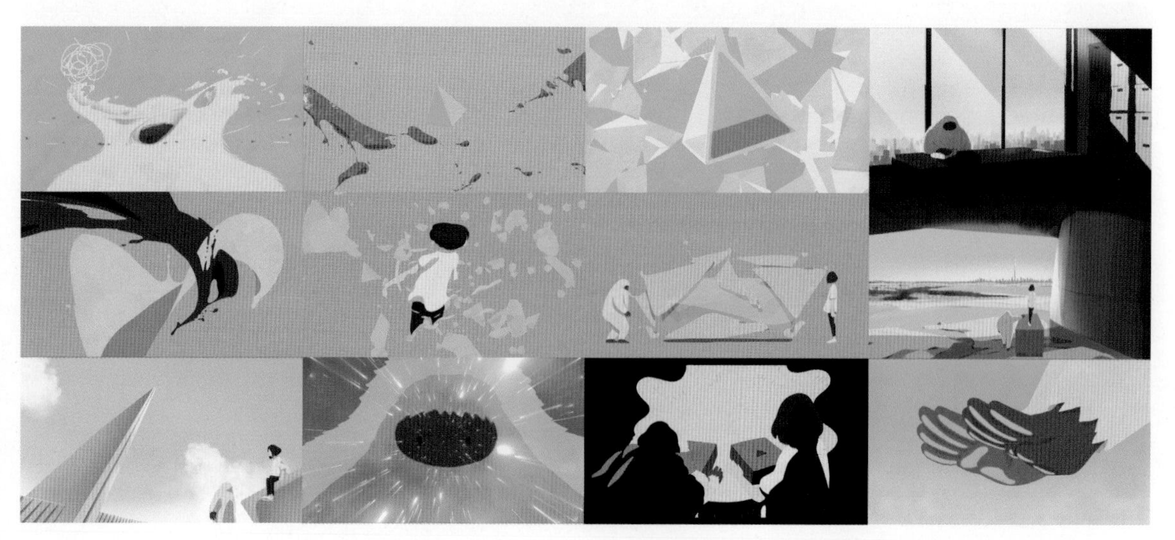

MV - スカート「月の器」(©que | 2020)

062/100

E-MAIL/ web03@saigono.info
URL/ saigono.info

最後の手段
SAIGO NO SHUDAN

CATEGORY/ MV, CM, Animation

2010年に結成された有坂亜由夢、おいたまい、コハタレンの3人からなるビデオ制作チーム。手描きのアニメーションと人間や大道具、小道具を使ったコマ撮りアニメーションなどを融合させ、有機的に動かす映像作品を作る。

MV - Yaeji「Over The Horizon」(©SAMSUNG | 2023) Arrangement: Yaeji, Animation: SAIGO NO SHUDAN (SAMSUNGの携帯電話Galaxy S23着信音のMVを制作)

MV - EVISBEATS「NEW YOKU feat. CHAN-MIKA」(2018) Music: EVISBEATS, Vocal: CHAN-MIKA, Animation: SAIGO NO SHUDAN

063/100

齊藤雄磨　Yuma Saito

CATEGORY/ MV, CM

BELONG TO/ OTOIRO inc.
E-MAIL/ y.saito@otoiro.co.jp
URL/ otoiro.co.jp

福岡出身。大学卒業後、映像制作を開始し、ライブ・コンサートやフェスでの映像演出や様々なジャンルのMV制作などに従事。2Dグラフィックスから CG、実写まで幅広い手法を使う。

MV - INNOSENT in FORMAL「my peaches feat.PES」(©No Big Deal Records | 2021) Director: Yuma Saito

MV - DECO*27「ジレンマ feat. 初音ミク」(©DECO*27 ©OTOIRO ©CFM | 2022) Director: Yuma Saito

MV - 角巻わため「RAINBOW」(© 2016 COVER Corp. | 2021) Director: Yuma Saito

064/100

佐藤海里　Kairi Sato

CATEGORY/ MV, CM, Web

BELONG TO/ KAYAC inc. / tsuchifumazu
E-MAIL/ kairi.1108.sato@gmail.com
URL/ kairisato.jp

1995年生まれ、栃木県出身。2018年、デジタルハリウッド大学卒業後、面白法人カヤックに入社。2019年、相方のwatakemiとクリエイティブユニット「tsuchifumazu」を結成。映像ディレクター、モーションデザイナー、VJとしてCM、MV、アーティストのライブ映像・演出などを手掛ける。

MV - 田我流 & KM「3rd TIME」(2020)
Director: Kairi Sato, Director of Photography: Foolish, 1st AC: Satoru Mizuno, Lighting Direction: Takumi Yamada, Lighting Assistant: Seigo Hirao, Title Design: Ikki, obayashi, Designer: Chihiro Noguchi, Producer: So Matsuda, Project Manager: Shinya Takano, Project Leader: Yusuke Oshima, Special thanks: Ryota Ichikawa, Emina Shiratori, Tamura Family, Yamanashi Prefecture

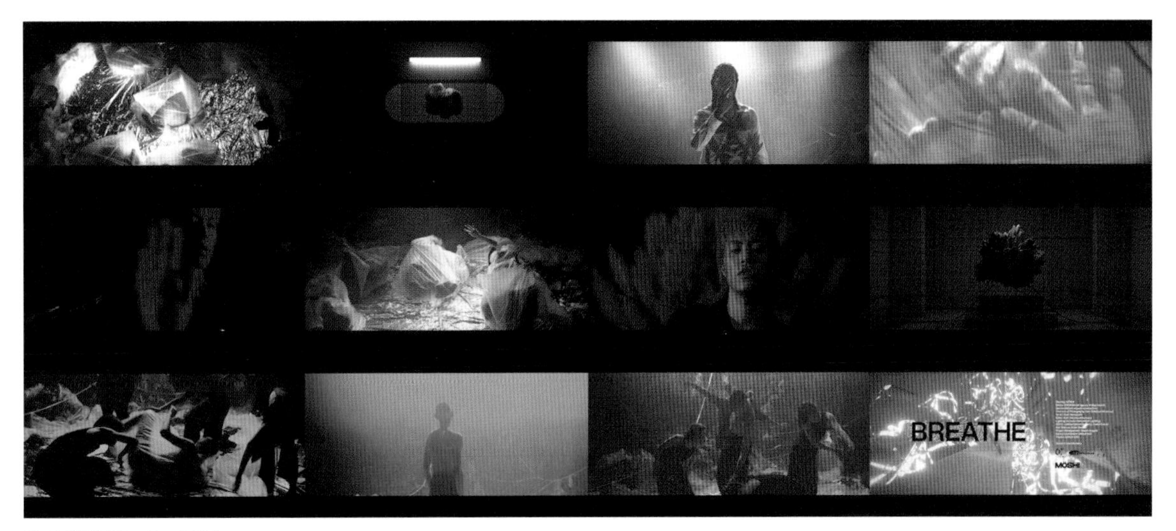

MV - MÖSHI「Breathe」(2021)
Director: tsuchifumazu, Starring: MÖSHI, Dance: SHIVA(Model agency friday), mayo.K, Jasmine(Mnchr-m), saki komine, O-no, Directors of Photography: Kairi Sato(tsuchifumazu), 1st AC: Koki Yamaguchi, Editor: Kairi Sato(tsuchifumazu), Lighting: Kensuke Nariuchi(AT-Lighting), 3DCG: watakemi(tsuchifumazu), Saeko Suzuki, Hair Makeup: Erika Yoshida, Project Management: Takemi Inagaki, Dance Coordinator: SHINJI ItoU, Thanks: SPACE ODD

065/100

瀬賀誠一　Seiichi Sega

CATEGORY/ Media Art

BELONG TO/ superSymmetry, PARTY
E-MAIL/ seiichi.sega.cg@gmail.com
URL/ www.omnibusjp.com/supersymmetry

2020年PARTYに参加。ジェネラティブなアプローチで作成したハイエンドCGのモーショングラフィックス作品を多く手掛けている。クリエイティブレーベル「superSymmetry」に所属し、科学データや哲学の可視化、伝統文化とのコラボレーション、インスタレーションアートを手掛ける。国内外のアートフェスティバルに参加し、作品はこれまでカナダ、メキシコ、ベルギー、サウジアラビアで公開。

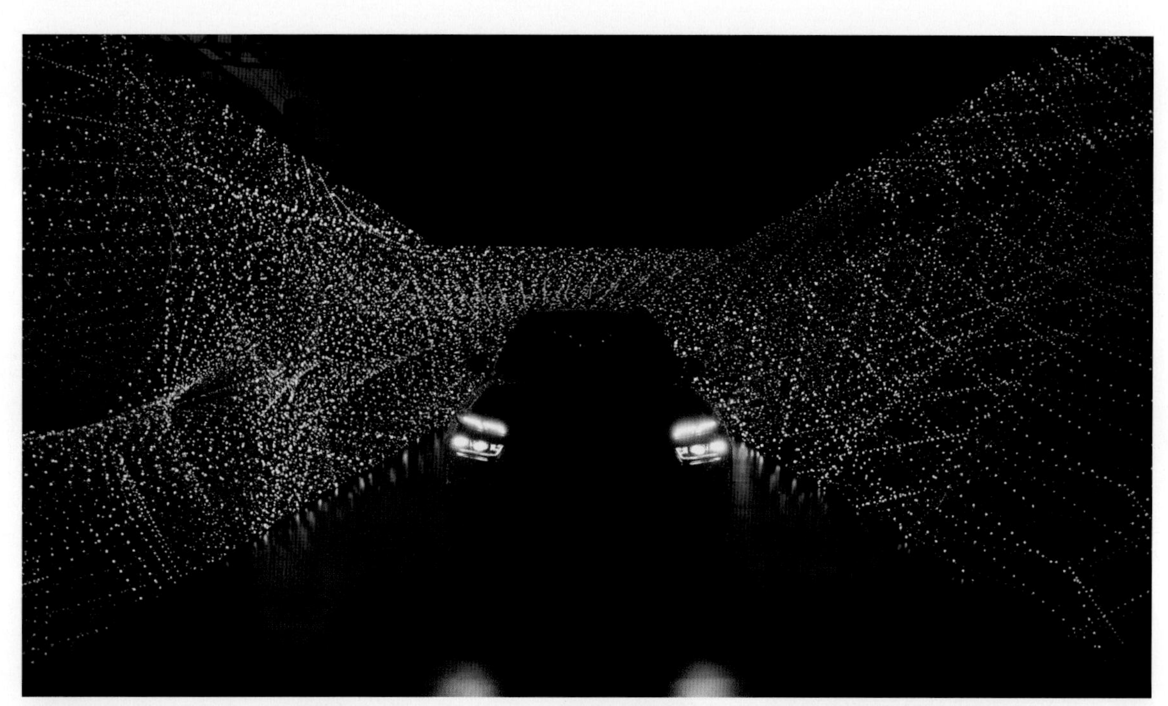

Media Art - 「Universal Architecture」 (Seiichi Sega + Intercity-Express | 2022)

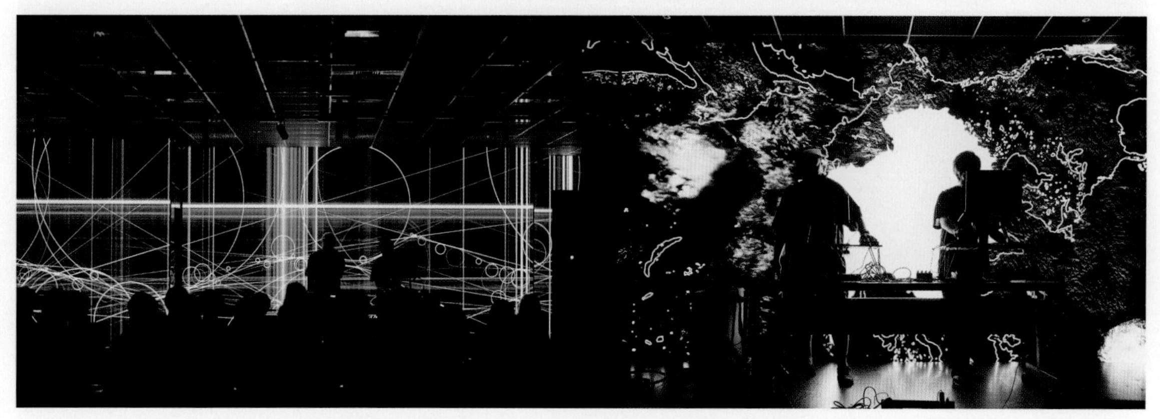

Audio Visual Performance - 「UNTITLED」 (Masayuki Azegami & Seiichi Sega | 2022) Photo: Syuhei Kishimoto

066/100

柴田大平 Daihei Shibata

CATEGORY/ TV Program, Advertisement, MV, Exhibition, Design, Education

BELONG TO/ WOW inc.
TEL/ +81(0)3 5459 1100 (WOW inc.)
E-MAIL/ hello@daiheishibata.jp, shibata@w0w.co.jp
URL/ daiheishibata.jp

2007年よりWOW勤務。2021年よりリフリーランスとしても活動。CMなどの広告映像、MV、テレビ番組、展示映像、インスタレーションなど映像全般の企画・演出・制作に携わる。千葉大学工学部デザイン学科非常勤講師。

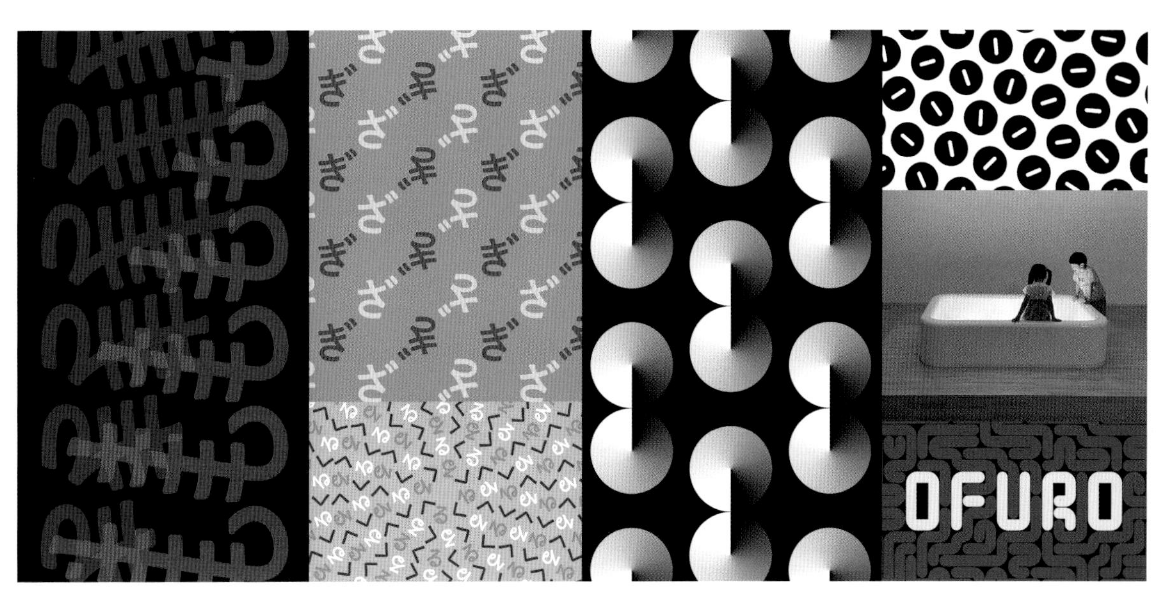

Video Play Equipment, Motion Graphics -「OFURO」(©JAKUETS Inc. | 2022) Director: Takashi Yamada, CD: Taku Sato (TSDO)

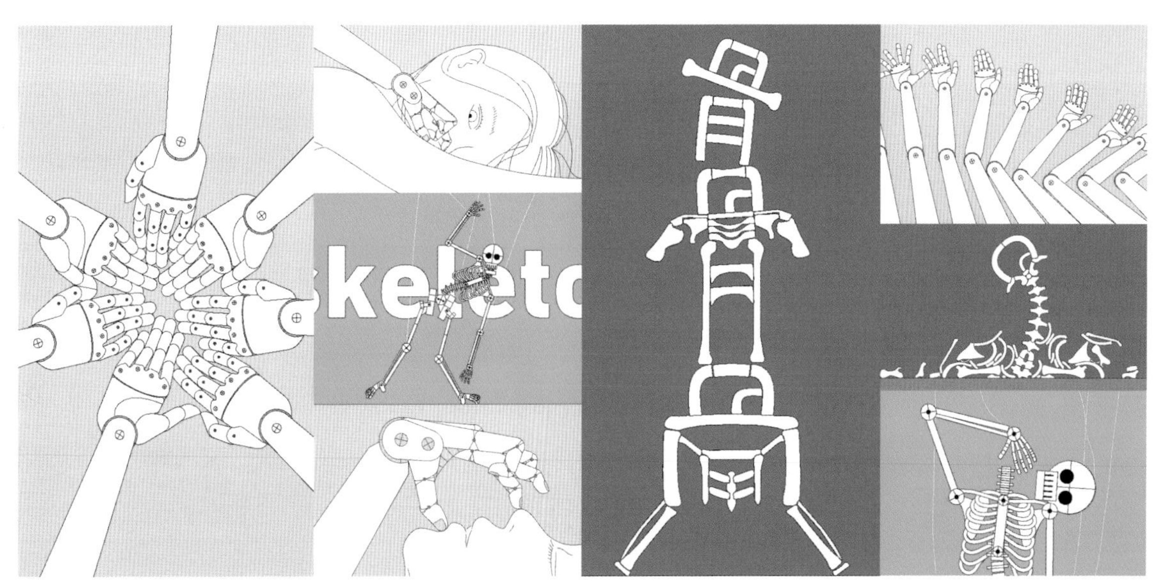

TV Program, Motion Graphics -「骨と手」(from HeeHeeHoo | 2022) Director: Daihei Shibata

067/100

柴田海音　Kaito Shibata

CATEGORY/ CM, Web, MV

BELONG TO/ EPOCH
TEL/ +81(0)80 3406 4935(Mg)
E-MAIL/ takashima@epoch-inc.jp(Mg)
URL/ www.epoch-inc.jp/member_lab/kaito_shibata

映像ディレクター／プランナー。1999年生まれ。茅ヶ崎市出身、早稲田大学商学部卒。学生時代より制作会社で勤務し、2019年より映像ディレクター／プランナーとして独立。ポップでキュートなビジュアルと、人の自然な表情と芝居を引き出すドラマチックな演出を得意とする。Z世代の知覚を活かした、若年層向けのコンテンツの企画・演出にも定評がある。

Web CM -「YouTube Shorts Challenge #ショートな青春」(2022)
Director: 柴田海音(EPOCH), Camera: 和野 花, Light: 小林洸星, Coordinator: 賀部祥平(Digital Square), Art Designer: 酒井俊英(tateo), Stylist (コムドット) : 吉田ケイスケ, Hair Make (コムドット) : 大木利保, Stylist (平フラ/くれまぐ) : 佐藤里奈, Hair Make (平フラ/くれまぐ) : 加藤七美, Producer: 松延隆介(東北新社), Producer: 齋藤雄太(東北新社), Production Manager: 北原慎二郎(東北新社), Production Manager: 松本佳祐(東北新社)

MV - meiyo「未完成レゾナンス」(2022) Director: 柴田海音(EPOCH), CG Director: NAKAKEN, Light: 溝口裕也, Hair Make: DAISUKE MUKAI, Producer: 丹治 遥 (P.I.C.S.), Production Manager: 佐藤 賢国 (P.I.C.S.), 樋口 典華 (P.I.C.S.)

068/100

下田芳彦　Yoshihiko Shimoda

CATEGORY/ MV, SNS Movie, Web

E-MAIL/ shimodayoshihikodevelop@gmail.com
URL/ www.shimoda-yoshihiko.com

1988年生まれ。フリーランスの映像作家。IT制作会社を経て2020年に独立。カメラトラッキングとモーショングラフィックス、手描きのエフェクトアニメーションを用いた映像を制作。

MV - Frasco「Butterfly Effect」(©Yoshihiko Shimoda | 2022) Music: Frasco, Movie:下田芳彦, Mixing & Mastering: Kentaro Nagata

Short Movie -「神隠しの階段」(©Yoshihiko Shimoda | 2021) Movie:下田芳彦

069/100

新海岳人　Taketo Shinkai

CATEGORY/ Animation, CM, MV, Scenario

BELONG TO/ 株式会社Pie in the sky
TEL/ +81(0)90 4466 2283
E-MAIL/ taketoshinkai@pieinthesky.jp
URL/ pieinthesky.jp

1982年生まれ。愛知県立芸術大学卒業。卒業後パナソニック株式会社に入社し、広告クリエイティブを担当。その後フリーランスを経て、「Pie in the sky」を立ち上げ、オリジナルアニメシリーズを多く手掛ける。代表作「あはれ！名作くん」はNHK Eテレで6年間放送。YouTubeチャンネルの総再生回数は4億回を超える。

Short Animation Series -「あはれ！名作くん」(©MSK | 2016-2023) Director: Taketo Shinkai

Short Animation Series -「Bラッパーズストリート」(©BRS | 2019-2020)
Director: Taketo Shinkai, Yutaro Sawada

Sound Drama Series -「メゾン ハンダース」(©BANDAI NAMCO Arts Inc. | 2021-2022)
Director: Taketo Shinkai

070/100

代田栄介　Eisuke Shirota

CATEGORY/ TVCM, MV, Web Movie

BELONG TO/ yorocine
E-MAIL/ shirota@yorocine.com
URL/ shirotaeisuke.com

映像ディレクター。多摩美術大学卒業後、株式会社マザースを経て2018年よりフリー。CMやMVを中心に活動中。実写に限らず、モーションググラフィックス、アニメーション、時間操作やワイプなど、様々な映像技法を掛け合わせた表現を得意とする。グラフィカルな画作りや、映像のリズム、音楽の魅力を引き出す演出も特色である。文鳥と暮らしている。

CM, Web Movie - リクルート「出会いってすごくないですか。」(©CHOCOLATE inc. | 2022)

Web Movie - 集英社『チェンソーマン』9巻発売記念スペシャルPV(©電通、ロボット | 2020)

071/100

しょーた　Shota

CATEGORY/ 2D Animation, MV

URL/ www.shotaanimation.com

1993年生まれ。2016年東京造形大学アニメーション専攻卒業。同大学大学院に進学し2018年修了。2018年より映像制作会社ディレクションズ所属。子どもから大人まで楽しめるゆかいな作品を目指して大学時代にアニメーションの制作活動を始める。2019年アヌシー国際アニメーション映画祭のWTFプログラムで修了制作『がんばれ！よんぺーくん』上映。現在はNHK Eテレの子ども番組などでアニメーション、イラストを手掛ける。

2D Animation -「がんばれ！よんぺーくん」(©しょーた | 2018)

MV -「We are PAC-MAN!」(PAC-MAN™&©Bandai Namco Entertainment Inc. | 2022)

072/100

杉本晃佑　Kosuke Sugimoto

CATEGORY/ MV, CM, TV Program OP, Web

E-MAIL/info@studio-12.jp
URL/ sugimotokosuke.com

1983年生まれ。同志社大学文学部社会学科卒業。大学在学中に映像制作を独学で学び始め、以降フリーランスとして活動。手描きアニメーション・実写・3DCG・モーショングラフィックスなどを組み合わせた映像と音楽とを緻密に融合させた映像構成、歌詞や広告商品などを独自に掘り下げたストーリー構築を得意とし、MV、CM制作などを手掛ける。2014年からはチェコを拠点に欧米でも活動を展開。

MV - Casper Caan「Last Chance」(©Levicaan Music | 2021)

Opening Movie -「NHKみんなのうた」(©NHK ／杉本晃佑 | 2022)

MV - 印象派「WANNA」(©higebossa / SPACE SHOWER MUSIC | 2021)

MV - きのホ。「開幕自分宣言」(©Koto record | 2022)

Branding Movie -「Days of Delight」(©Days of Delight | 2018)

073/100

杉山峻輔　Shunsuke Sugiyama

CATEGORY/ Graphic Design, MV

BELONG TO/ mimoid
E-MAIL/ contact@mimoid.inc

グラフィックデザイナー。クリエイティブハウスmimoid所属。グラフィックに軸足を置きながらデザイン的な発想力で映像作品のディレクションも行う。代表作に「BLEACH生誕20周年記念原画展 BLEACH EX.」のアートディレクション、「アニメーションの脚本術」、「インターネットは言葉をどう変えたか」書籍デザイン、FUJI ROCK FESTIVAL 2022にてパソコン音楽クラブの映像演出なども手掛ける。

MV - tofubeats「REFLECTION feat. 中村佳穂」(2022)

MV - パソコン音楽クラブ「SIGN feat. 藤井隆」(2022)

074/100

孫君杰　SUNJUNJIE

CATEGORY/ 3DCG Visual and Film

E-MAIL / js@sunjunjie.com
URL / www.sunjunjie.com

上海生まれ。東京大学工学部建築学科卒業。noiz architectsを経て現在はフリーランスのデジタルジェネラリスト／アートディレクター。ハイエンドな3Dビジュアルと映像表現を専門とし、フォトリアルで触覚的なデザインとモーションの実践を通じて、魅力的なビジュアル体験を創造している。

Social Asset -「UNIQLO Masterpiece 22AW」(©SUNJUNJIE | 2022) Art Director / CGI Design and Production: SUNJUNJIE

Brand Movie -「PowerX」(©SUNJUNJIE | 2022) Art Director / CGI Design and Production: SUNJUNJIE

075/100

superSymmetry by omnibus japan

CATEGORY/ Media Art, Motion Graphics, Installation Art, Social Design

BELONG TO/ 株式会社オムニバス・ジャパン
URL/ www.omnibusjp.com/supersymmetry

モーショングラフィックス、メディアアート、クラブミュージックを横断しながら、映像の空間的拡張、社会実装などの可能性を検証するクリエイティブレーベル。オムニバス・ジャパンのハイエンドな映像ソリューションをバックグラウンドに、国内外のクリエイターが流動的にコラボレーションを行い、実験的作品を生み出している。2021年に公開した「新宿東口の猫」では、DOOHをソーシャルデザインの視点で捉え、広告、デザイン、デジタルコンテンツなど17の賞を受賞した。

Social Design -「新宿東口の猫」(©G3DC | 2021-) Creative Director: Synichi Yamamoto

Installation Art -「Sanctuary @ALTERNATIVE KYOTO」(2022) Music: Corey Fuller, Visuals: Synichi Yamamoto

076/100

鈴木健太　suzkikenta

CATEGORY/ MV, Movie

E-MAIL/ suzzken47@gmail.com
URL/ suzkikenta.com

1996年生まれ。クリエイティブ・ディレクター／映像監督。10代の頃から自主的にアニメーション作品や短編映画を監督。多摩美術大学統合デザイン学科中退後、フリーランスを経て電通入社。CM、広告コミュニケーションの企画や、数多くのMVの監督を務める。文化庁メディア芸術祭優秀賞、ACC賞ゴールド、Cannes Lions シルバー、ほか受賞。dentsu zero所属。

MV - A_o「BLUE SOULS」(©Otsuka Pharmaceutical | 2021) Director: suzkikenta, Cinematographer: Daichi Hayashi

MV - KIRINJI「killer tune kills me feat. YonYon」(©UNIVERSAL MUSIC JAPAN | 2019) Director: suzkikenta, Cinematographer: Daichi Hayashi

077/100

スズキハルカ　Haruka Suzuki

CATEGORY/ MV, CM, Animation, Comic, Illustration, Short Movie

E-MAIL/ suzukibon0221.2@gmail.com
URL/ suzukiharuka.com

1989年静岡県生まれ。2019年株式会社Pie in the sky入社。NHKみんなのうたをはじめ、CM、MV、アニメのキャラクターデザイン、作画を数多く手掛ける。個展開催、グループ展参加も精力的に行う。NHKみんなのうたにて「虫のつぶやき」を監督として制作。「Bラッパーズストリート」にてキャラクターデザインを担当。

TV Program - TVアニメ「ぼっち・ざ・ろっく！」EDアニメーション(©はまじあき/芳文社・アニプレックス | 2022)
「Distortion!!」Lyrics & Music: Maguro Taniguchi, Arranged: Ritsuo Mitsui, Director: Haruka Suzuki, Animator: Chikako Iwasaki, Haruka Suzuki, Compositor: Tsuzutsu,「カラカラ」Lyrics & Music: Ikkyu Nakajima, Arranged: Ritsuo Mitsui, Director: Haruka Suzuki, Animator: Chikako Iwasaki, Haruka Suzuki, Shizuka Furumura, Momoko Yamada (studio nanahoshi), Compositor: Mahiro Oyama,「なにが悪い」Lyrics & Music: Yuho Kitazawa, Arranged: Ritsuo Mitsui, Director: Haruka Suzuki, Animator: Chikako Iwasaki, Haruka Suzuki, Ayane Matsumoto, Compositor: Mahiro Oyama

TVCM -「ちこまる」(©ちこまる | 2021) Director / Animator: Haruka Suzuki, Compositor / Animator: Yutaro Sawada, Narrator: Maki Kawase

TikTok Animation -「Loopic」-KOTOPI (©2021DMM pictures・Pie in the sky / Loopic | 2021-2022) Director: Haruka Suzuki, Creative Director: Taketo Shinkai, Production: Pie in the sky

078/100

田島太雄　Tao Tajima

CATEGORY/ MV, CM, Web

BELONG TO/ 有限会社タングラム
URL/ taotajima.jp

ディレクター／映像作家。3DCGソフトとモーショングラフィックスを活用した映像作品「Night Stroll」やtofubeatsのMV「朝が来るまで終わる事のないダンスを」を制作。光を巧みに駆使した表現で何気ない日常の風景を一変させる世界観が特徴。近年ではTVアニメ「さらざんまい」エンディングパートや、パソコン音楽クラブ「reiji no machi」MVを制作。

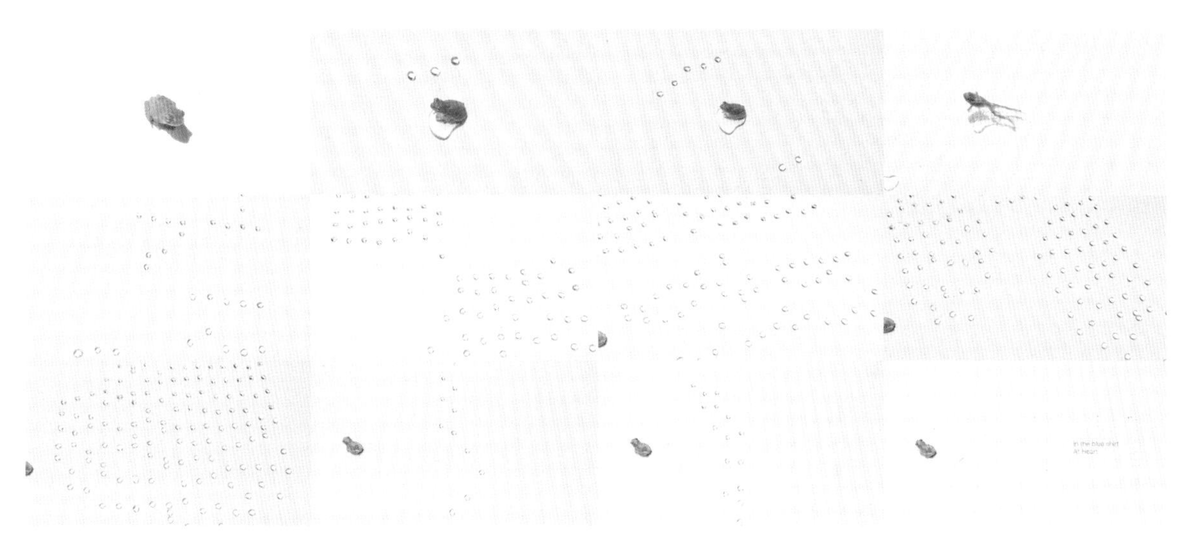

Experimental - 「Free Association # 6 in the blue shirt - At Heart」(2022)
Music: in the blue shirt, Director: Tao Tajima, Assistant Director: Wataru Wakisaka, Tech Director: Shinya Matsuyama (siro), Engineer: Takuro Yamakawa (siro)

MV - TELE-PLAY「prism」(2021) Director / Cinematographer / Editor: Tao Tajima, Title Design: Asuka Wakida
Producer: Kentaro Okumura, Music: prism, (feat. 原田郁子, ROTH BART BARON, Seiho & Ryo Konishi)

079/100

たかくらかずき　Kazuki Takakura

CATEGORY/ 3DCG, Pixel Animation, 3D Printing, AI, VR, NFT

URL/ www.instagram.com/takakurakazuki,
takakurakazuki.com,
buddhaverse.world

アーティスト。1987年、山梨県出身。2012年東京造形大学大学院修士課程修了。3DCGやピクセルアニメーション、3Dプリント、AI、VR、NFTなどのテクノロジーを使用し、東洋思想による現代美術のルールの書き換えと、デジタルデータの新たな価値追求をテーマに作品を制作している。現在は主に日本仏教をコンセプトに作品制作を行う。京都芸術大学非常勤講師。OpenSeaでNFTシリーズ「BUSDDHA VERSE」を展開中。

Artwork(NFT) -「BIG ONI KANNON MINI」(©takakurakazuki | 2022)

Artwork -「天国・地獄・大地獄」(©takakurakazuki | 2022)

080/100

玉澤芽衣　Mei Tamazawa

CATEGORY/ 3DCG, MV, CM, Web

BELONG TO/ GENERATIVE ART STUDIO INC.
E-MAIL/ hello@generativeartstudio.tokyo
URL/ generativeartstudio.tokyo

CGアーティスト。Yahoo! JAPAN、AmazonでWebデザイナーを経て2017年からフリーランスCGアーティストとして活動。ROCK IN JAPAN FESTIVAL、COUNTDOWN JAPANなど国内最大級の音楽フェスのCG映像を1人で担当。SICF、上海 ART BOOK FAIRなど国内、海外で展示を行う。アジアデジタルアート大賞など受賞歴多数。海外のアート関連の仕事をメインに活動。2022年パーソナルカンパニー GENERATIVE ART STUDIO合同会社設立。

CG -「ROCK IN JAPAN FESTIVAL/JAPAN JAM/COUNTDOWN JAPAN」(©GENERATIVE ART STUDIO INC. | 2022)

Showreel -「2023REEL」(©GENERATIVE ART STUDIO INC. | 2023)

081/100

チームラボ　teamLab

CATEGORY/ 3DCG, Art Work, Installation, Scenography

URL/ teamlab.art/jp

アートコレクティブ。2001年から活動を開始。集団的創造によって、アート、サイエンス、テクノロジー、そして自然界の交差点を模索している国際的な学際的集団。アーティスト、プログラマ、エンジニア、CGアニメーター、数学者、建築家など、様々な分野のスペシャリストから構成されている。チームラボの理念は、「アートによって、自分と世界との関係と新たな認識を模索すること」。

3DCG Art Work Scenography -「オペラ トゥーランドット」(©teamLab, Courtesy Daniel Kramer, Tokyo Nikikai Opera Foundation | 2022) (© teamLab, Courtesy Daniel Kramer, Grand Théâtre de Genève, and Pace Gallery | 2022)

3DCG Art Work Interactive -「不可逆の世界」(©teamLab, Courtesy Pace Gallery | 2022)

082/100

寺部 晶　Akira Terabe

CATEGORY/ Motion Graphics, 3DCG, Art Direction, Graphic Design, CM, TV, MV, Web, 3DOOH

BELONG TO/ Adolescent, Cekai
E-MAIL/ akira@terabe.design
URL/ akiraterabe.com

映像作家／アートディレクター。NYを拠点にNETFLIXやDisney+などの番組タイトル、CI、3DOOH、展示映像などのディレクションや映像制作のほか、アートディレクション、グラフィックなどコンテンツトータルのクリエイションを得意とする。海外ではVOA中東地域、Nickelodeonインド地域、カナダのeスポーツチームのリブランディングや、NIKE、TEDx、L'Oréalなどの映像制作やアートワークなど国内外の様々な地域で活動中。

Title Sequence -「クローズアップ現代」(2022) Art Director / Director / Designer / Animator: Akira Terabe

Title Sequence -「THE CAPTAIN」(2022) Art Director / Director / Designer / Animator: Akira Terabe

083/100

最低やさいコーナー
The Worst Vegetable Corner

CATEGORY/ MV, CM, TV Contents, Animation

URL/ twitter.com/TokeruIC
www.youtube.com/@theworstvegetablecorner
saiteiyasai.com

映像作家。フリーランスとして活動中。近年の主な仕事にキタニタツヤ「PINK」、テレビ番組『アルピーテイル』内「コウメ1-GP」など。また、TVアニメ『ぼっち・ざ・ろっく！』(6話)の一部シーンを担当した。

MV - キタニタツヤ「PINK」(2022) Director: 最低やさいコーナー

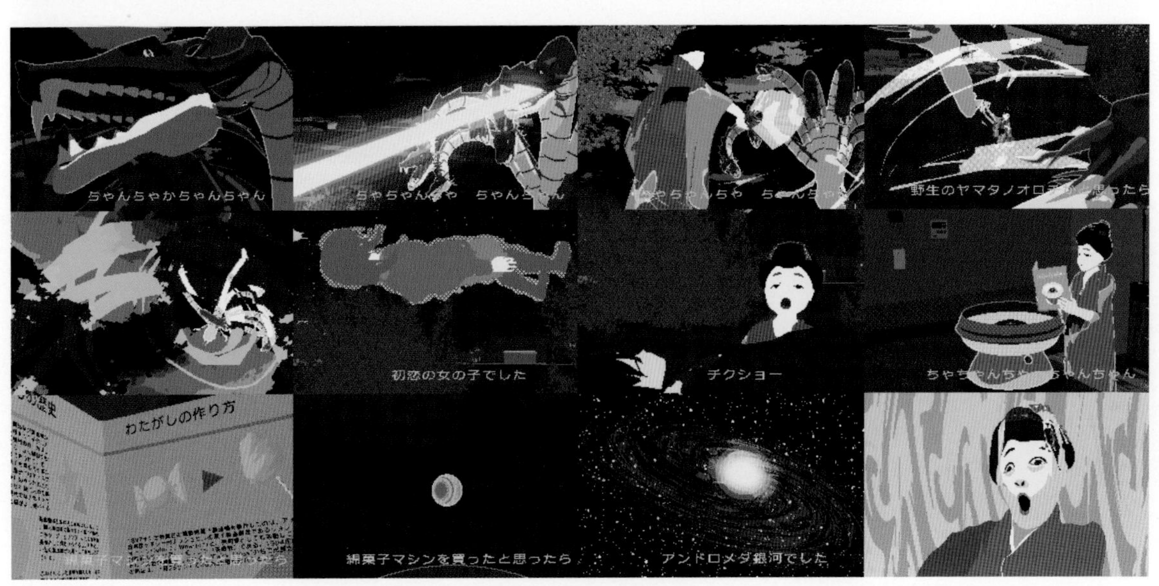

TV Contents - テレビ朝日『アルピーテイル』内「コウメ1-GP」(2022) Director: 最低やさいコーナー

084/100

釣部東京　TsuribuTokyo

CATEGORY/ Short Film, MV, CM, CG, Graphic Design

E-MAIL/ tsuribu.tokyo@gmail.com
URL/ tsuributokyo.com

映像制作を中心に活動する制作集団。CG、実写、アニメーション、グラフィックデザインなど複数の領域を横断した幅広いビジュアル表現で、短編映画、MV、モーションデザイン、アートワーク、ライブ演出などを手掛ける。カオティックかつ洗練された視覚の中に、人間味からくる哀愁とつっこみの余白を持った作風。代表作に短編映画『OKAN』、映像作品「フジヤマさん業の仕事」、「長谷川白紙 Q13」、Dos Monosのロゴデザインなどがある。

Video Work - 「観測: 中村佳穂」 (©SPACE SHOWER NETWORKS INC. | 2022)
Performance(voice): 中村佳穂, Planning: スペースシャワー TV, Planning + Director: 釣部東京, Movie Production: 松永昂史, 村上由宇麻, 渡部克哉, Movie Production / Design: 高橋彩基, MA: 川村匡真, Cooperation: 宮治明子, 平田昌吾, シブヤテレビジョン, Producer: 早川文子, 高根順次

MV - 柴田聡子「ぽちぽち銀河」 (©IDEAL MUSIC LLC. | AWDR/LR2 | 2022)
Performance: 柴田聡子, Director: 釣部東京, Movie Production: 松永昂史, 村上由宇麻, 渡部克哉, 渡邉たまき, Movie Production / Design: 高橋彩基, Stylist: 渡邉日南子, Hair and Make-up: 舞人 (TETRO), Label: 関賢二, Artist Management: 羽山治 (IDEAL MUSIC LLC.), Cooperation: 早川文子, 細谷秀仁

085/100

浮舌大輔　Daisuke Ukisita

CATEGORY/ MV, CM, Web, Game

BELONG TO/ NICE AIR PRODUCTION, FORESTLIMIT
E-MAIL/ ukisita20tn@gmail.com
URL/ 20tn.tumblr.com

デジタルアーティスト／映像作家。ＭＶ、TVCMなどを手掛ける。Unreal Engineを用いたリアルタイム建築ビジュアライゼーション、映像制作を研究中。

MV - 折坂悠太「炎(feat. Sam Gendel)」(2021) Director: Daisuke Ukisita

MV - GEZAN with Million Wish Collective「We Were The World」(2023) Director: Daisuke Ukisita

086/100

若林 萌　Moe Wakabayashi

CATEGORY/ Short Movie, Animation ,MV

BELONG TO/ P.I.C.S. management
TEL/ +81(0)337918855
E-MAIL/ post@pics.tokyo
URL/ www.pics.tokyo/member/moe-wakabayashi,
www.moewakabayashi.com

アニメーション作家・イラストレーター。P.I.C.S. management所属。多摩美術大学造形表現学部映像演劇学科卒業。東京藝術大学大学院映像研究科アニメーション専攻修了。駄洒落や諺などから着想を得て物語を紡ぎ、ポップでレトロな画風のアニメーションに落とし込む。動物・怪物・無機物問わずの不思議なキャラクターたちが織りなす、可笑しさと切なさが混在する奇譚を目指している。

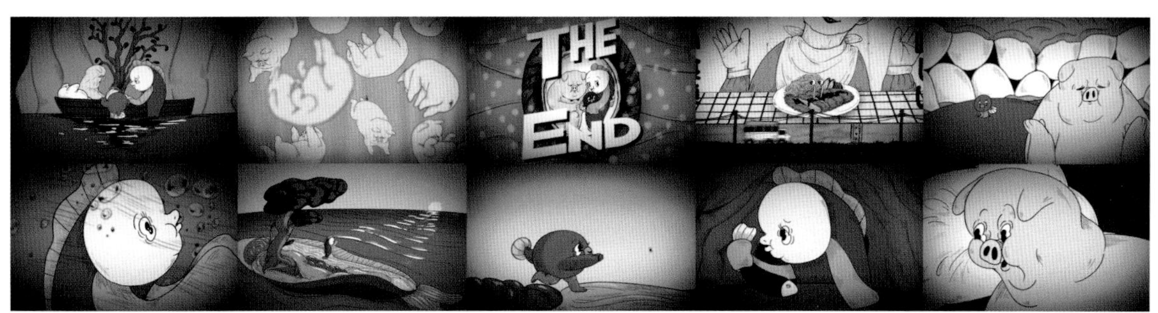

Original -「サカナ島胃袋三腸目」(2022) Animation: Moe Wakabayashi

Live Opening Animation - 男性ブランコのコントライブ「てんどん記」劇中映像(© 吉本興業株式会社 | 2021) Animation: Moe Wakabayashi

Live Opening Animation - NEE 3rd TOUR「EASTER GAME」ライブOP映像(©UNIVERSAL MUSIC ARTISTS | 2022) Animation: Moe Wakabayashi

MV - peanut butters「スーパーハイパー忍者手裏剣」(©UK.PROJECT INC. | 2022) Animation: Moe Wakabayashi

MV - 櫻坂46「Cool」(©Seed & Flower LLC | 2023) Director: Takumi Koyama, Animation: Moe Wakabayashi

087/100

涌井 嶺　Ray Wakui

CATEGORY/ MV, CM, Web

BELONG TO/ VeAble
URL/ www.raywakui.com

1993年生まれ。映像ディレクター／VFXアーティスト。東京大学、同大学院卒業。在学中は航空宇宙工学を学ぶ。2021年春、制作期間1年半を経て、人物以外をすべて3DCGで制作した実写合成MV「Everything Lost」を公開。撮影以外の工程をたった一人で作り上げ、VFX-JAPANアワード2022 CM・プロモーションビデオ部門優秀賞受賞をはじめ、あらゆるメディアで取り上げられる話題作となった。以降、実写合成や3DCGなどの技術を用いて、様々なアーティストのMVでVFXやディレクションを手掛ける。

MV - THE SIXTH LIE「Everything Lost」(2021) Director/3DCG/VFX: Ray Wakui, Cinematographer: Kotarou Nogami

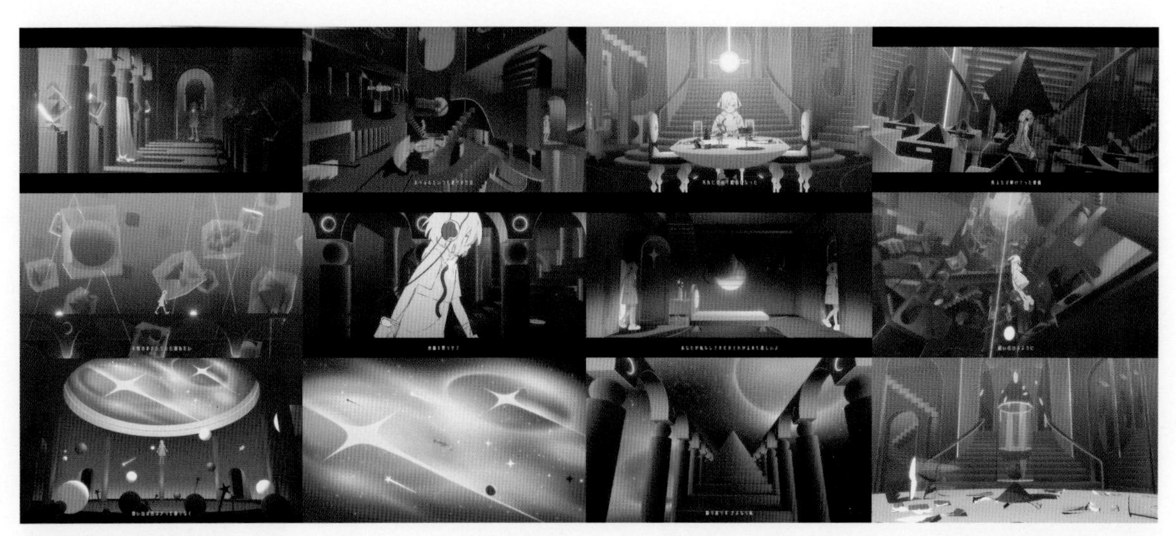

MV - DUSTCELL「漂泊者」(2022)
Director/3DCG/Online Edit: Ray Wakui, Animation Director: Sowiti, Assistant Animator: B / Kureko, Art Work: Punch, Composite: Mihashi, Artist Manager: Masao Hasu (KAMITSUBAKI RECORD), Producer: Sosuke Watanabe (THINKR), Production Manager: Chihiro Iida (THINKR)

088/100

渡部康成　Yasunari Watabe

CATEGORY/ CM, Web Movie, MV, ID, Art

BELONG TO/ P.I.C.S. management
TEL/ +81(0)3 3791 8855
E-MAIL/ post@pics.tokyo
URL/ pics.tokyo/member/yasunari-watabe
tootem.jp

CM、PV、VI などの映像デザイン、ディレクションに加え、グラフィックなどの印刷媒体の企画、制作、演出までトータルに行う映像作家。2Dモーショングラフィックスと3DCG の両方を扱い、キャッチーでポップな世界観の表現を得意としている。映像作品のほか、個人のアートワークにも力を入れており、2021年には個展「LAYERED」を開催。

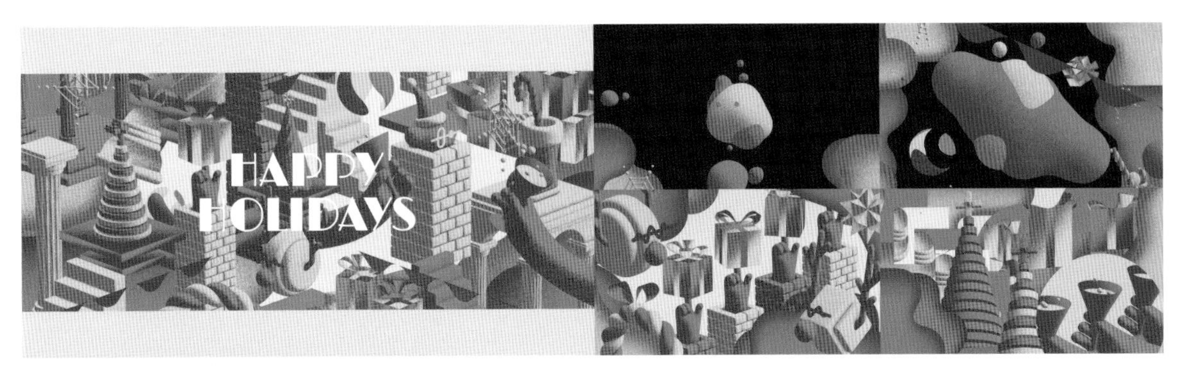

Original - 「HAPPY HOLIDAYS 2022」 (©P.I.C.S. | 2022)

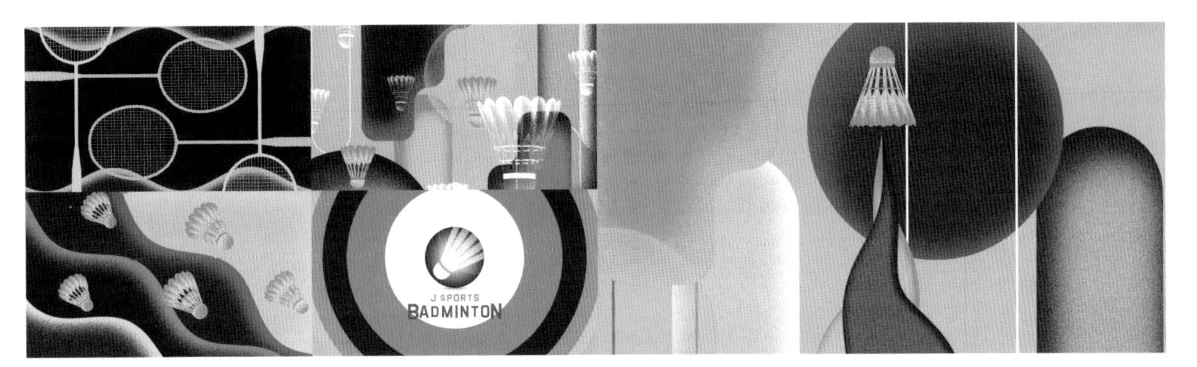

Broadcast - 「J SPORTS バドミントン 中継番組オープニング」 (©2003 - 2021 J SPORTS | 2022)

MV - 宮川大聖「ファンファーレ」 (©Warner Music Japan Inc. | 2022)

089/100

ワタナベサオリ　Saori Watanabe

CATEGORY/ MV, CM, Web CM, Music

URL/ www.dvolfski.com

福島県出身。コマ撮り映像監督／コマ撮りアニメーター。TVCMなど映像作品の作詞作曲・歌唱も行う。札幌市立大学デザイン学部を卒業後、アニメーションディレクター・稲積君将氏に師事。TVCM、Web CMやMV、企業や商品のコンセプトムービー等、幅広く作品を手掛ける。主な仕事に出光興産·創業105年スペシャルムービー、G7 Hiroshima Summit 2023コンセプトムービー監督など。国や世代を越えて伝わる表現や、優しくあたたかい世界観に定評がある。

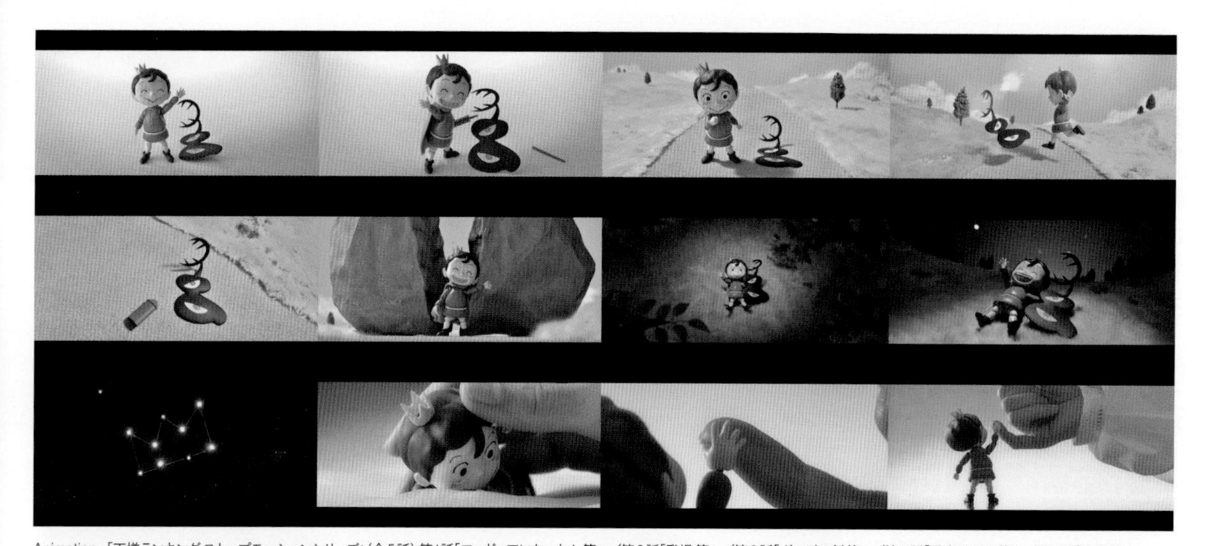

Animation -「王様ランキング ストップモーションシリーズ」(全5話) 第1話「フィギュアになった！ 篇」／第2話「登場篇」／第3話「ボッジの剣篇」／第4話「星空の下で 篇」／第5話「約束篇」(© 十日草輔・KADOKAWA刊／アニメ「王様ランキング」製作委員会 | 2022)
Cast: 日向未南(ボッジ), 村瀬歩(カゲ), 本田貴子(シーナ), Director/Screenplay: ワタナベサオリ, Supervisor: 八田洋介, Animation Director / Stop-Motion Animation / Camera / Editor: 稲積君将, Stop-Motion Animation(Hand): ワタナベサオリ, Rotoscope Coordinator: 坂崎卓哉, Rotoscope: Harris Reggy, Art Director: アトリエKOCKA, Lighting: 川口卓宏, Music: MAYUKO, MA: GZ-TOKYO, Postscoring Supervisor: えびなやすのり, Production Producer: 岡田麻衣子, 上田陽子, Production: WIT STUDIO

Original -「chillo」(全5話) 第1話「休みの日」／第2話「散歩日和」／第3話「記念写真」／第4話「カッコイイ石を拾った日」／第5話「スケボー日和」(2021)
Director / Poduction / Puppeteering / Editing / Sound Effects: ワタナベサオリ, Camera / Color Grading: 稲積君将

090/100

Whatever Co.

CATEGORY/ Business Consulting, Branding, Installation/Event, Video, Product/Service, Prototype, TV Program, Web, App

TEL/ +81(0)3 6427 6022
E-MAIL/ hello@whatever.co
URL/ whatever.co

東京、ニューヨーク、台北、ベルリンを拠点として活動しているクリエイティブ・スタジオ。広告、イベント、テレビ番組の企画・制作、サービス・商品開発など、旧来の枠にとらわれないジャンルレスなクリエイティブ課題に対して、世界的な評価を受ける企画力・クラフト力と、最新の技術を駆使した開発で、「世界の誰も見たことがないけれど、世界の誰もが共感できる」アイデアを生み出し続けている。

MV - Vaundy × Morisawa Fonts「置き手紙」(© 株式会社モリサワ+SDR Inc. | 2022)

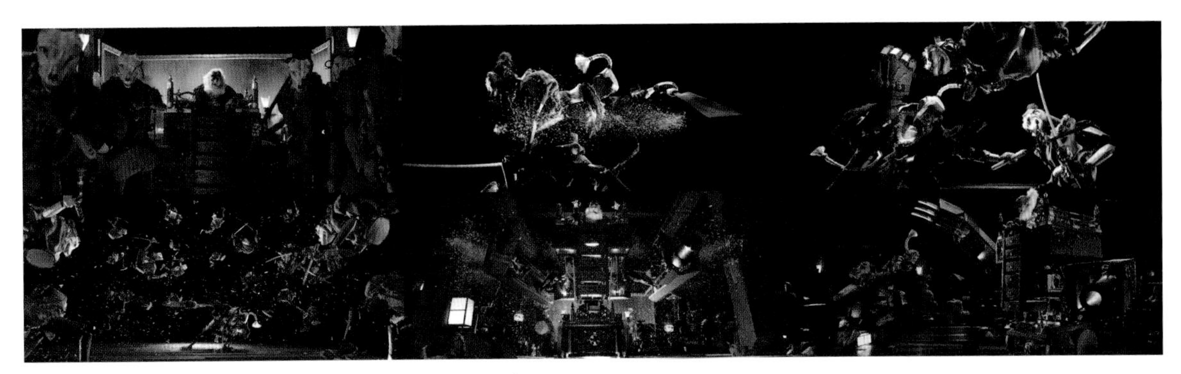

Stop Motion Animation -「HIDARI」(©Whatever, ドワーフ, TECARAT | 2023)

CM - Udemy「学びたいと教えたいをつなぐ」(© 株式会社ベネッセコーポレーション | 2022)

091/100

ワウ　WOW inc.

CATEGORY/ 3DCG, Motion Graphics, Visual Design, UI/UX Design, TVCF, MV, Installation

TEL/ +81(0)3 5459 1100
E-MAIL/ info@w0w.co.jp
URL/ www.w0w.co.jp

東京、仙台、ロンドン、サンフランシスコに拠点を置くビジュアルデザインスタジオ。CMやコンセプト映像など、広告における多様な映像表現から、様々な空間におけるインスタレーション映像演出、メーカーと共同で開発するユーザーインターフェイスデザインまで、既存のメディアやカテゴリーにとらわれない、幅広いデザインワークを行っている。

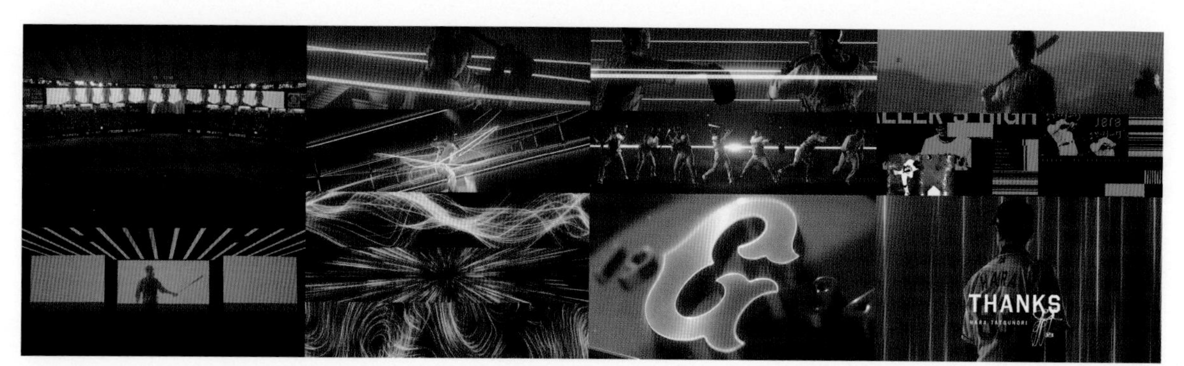

3DCG, CG, Motion Graphics -「東京ドーム改修 読売ジャイアンツ 2022 Visual Design」(2022) Conceptor: Sony Music Solutions Inc., Director: Takafumi Matsunaga, Hironobu Sone, Designer: Kazunori Kojima, Kouhei Nakama, Tomoya Kimpara, Kenji Tanaka,Tomoko Ishii, Rin Matsunaga, LIKI, maxilla, Sound Design: Masato Hatanaka, Producer: Go Hagiwara, Masahito Kodama, Assistant Producer: Ryoma Yamashita

3DCG, Installation, Motion Graphics, Projection Mapping, Original -「WOW25 "Viewpoints" from Unlearning the Visuals」(©WOW inc. | 2022) Director: Tatsuki Kondo, Co-director / Designer: Itsuki Maeshiro, Takafumi Matsunaga, Designer: Tsutomu Miyajima, Hiroshi Takagishi, Yutaro Mori, Haruka Kanno, Producer: Yasuaki Matsui, Sound Design: Yuki Tsujimura, Design Cooperation: HAKUTEN, Technical Design / Equipment: Prism Co., Ltd.

092/100

山田遼志　Ryoji Yamada

CATEGORY/ MV, CM, Animation

BELONG TO/ mimoid
E-MAIL/ contact@mimoid.inc

ディレクター。クリエイティブハウスmimoid設立メンバー。2018年に文化庁海外派遣研修員として、ドイツのフィルムアカデミーに1年在籍。MV制作や広告制作に携わりながら、現代社会の抱える狂気などをテーマに制作を続ける。アヌシー国際アニメーション映画祭をはじめ国内外の映画祭やメディアで上映、掲載、受賞。近作にmillennium parade MV「Trepanation」やTVアニメーション「ODDTAXI」OPなど。

Trailer-「第9回 新千歳空港国際アニメーション映画祭 公式トレーラー」(2022)

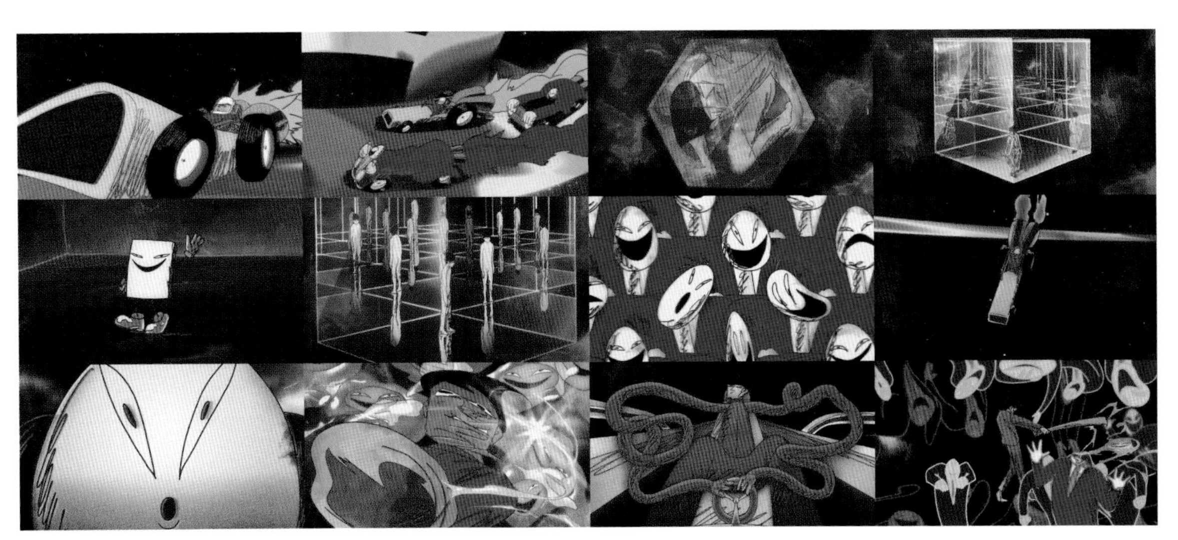

MV - DUSTCELL「INSIDE」(2022)

093/100

山崎連基　Renki Yamasaki

CATEGORY/ MV, VP, CM, TV-OP, NFT

BELONG TO/ RZN
TEL/ +81(0)90 8764 8983
E-MAIL/ y@renki.jp
URL/ renki.jp

1984年生まれ。武蔵野美術大学映像学科卒業。都内ポストプロダクションを経てフリーランス。MVを中心に、実写とグラフィック、CGを織り交ぜた映像表現を得意とする。主にYUKI「鳴り響く限り」MV、でんぱ組.inc「いのちのよろこび」MVなど。やまなしメディア芸術アワード入選（2023）。Adobe MUSIC VIDEO FOR ALL "2 Cars" Music Video Challenge 準グランプリ（2020）、平成19年度（第11回）文化庁メディア芸術祭 アート部門審査委員会推薦作品（2007）。2020年9月よりSNSにおいて一日一投の"CONTINUITY"シリーズを展開。現在も進行中。

Original -「CONTINUITY」(2022-2023) Creator: 山崎連基

Original -「CONTINUITY」(2022-2023) Creator: 山崎連基

094/100

山下 諒 Makoto Yamashita

CATEGORY/ CM, MV, Web CM, Animation, Live Movie, TV Program Movie, Pixel Art, Actor

E-MAIL/y.makoto1063@gmail.com
URL/ ymakoto1063.wixsite.com/makoportfolio
twitter.com/chiemin1063

映像制作／ピクセルアート／パフォーマー。2018年東京造形大学アニメーション専攻を卒業。映像制作会社所属を経て、2019年フリーランスとして活動開始。主な仕事にポプテピピック Pop team 8bitパート、モスバーガー Web CM・トムブラウン「超合体漫才」篇などがある。ほかにもMV、役者、番組MCなど活動は多岐にわたる。自称天使系アイドルクリエイティブユニット「ティーナ族」のまこっていーなとしても活動中。

Web CM - サントリークラフトボス × 明治 きのこの山 たけのこの里 コラボ動画「きのことたけのこがRTで成長した結果」(2022)

Web CM - 「おしえてひろゆきメーカー」PV第1弾「年末編」／PV第2弾「正月編」／PV第3弾「新成人編」(©rinna Co., Ltd. | 2022)

095/100

山内祥太　Shota Yamauchi

CATEGORY/ Media Art, Installation, Performance

E-MAIL/ shota914@gmail.com
URL/ shotayamauchi.com

1992年岐阜県生まれ。自己と世界の関係性や、自分の認識する世界と現実の間にある裂け目をテーマに活動。映像、彫刻、インスタレーション、パフォーマンスなど表現メディアは多様で、クレイアニメーション、クロマキー、3DCG、3D印刷、VR、モーションキャプチャなどの技術も自在に用いている。テクノロジーによる新しさの追求だけでなく、身体性の生々しさや人間らしい感情、矛盾する気持ちや状況といった複雑さを表現している。

Performance / Installation -「舞姫」(©ShotaYamauchi | 2021)
Systems Engineer: 曽根光揮, Clothing: Kurage, 3D Modeling: 大石雪野, Sound: 小松千倫, Performer: 岡田智代, Camera: 田山達之

Interactive / Mixed Media / Installation -「カオの惑星」(©ShotaYamauchi | 2022)
Systems Engineer: 曽根光揮, 早川翔人, 3D Modeling: 加藤大介, Sound: 小松千倫, Camera: 木奥恵三

096/100

矢野ほなみ　Honami Yano

CATEGORY/ Film, Short Movie, ID, MV

E-MAIL/ contact@honamiyano.com
URL/ honamiyano.com

瀬戸内海の島生まれ。2017年東京藝術大学大学院映像研究科修了。「骨嚙み」(2021)は第45回オタワ国際アニメーション映画祭で短編部門グランプリ、第25回文化庁メディア芸術祭アニメーション部門「新人賞」ほか受賞多数。他方、上映会やキュレーションなど、クィア・アニメーションの研究を進めている。共著『クィア・シネマ・スタディーズ』(晃洋書房)。

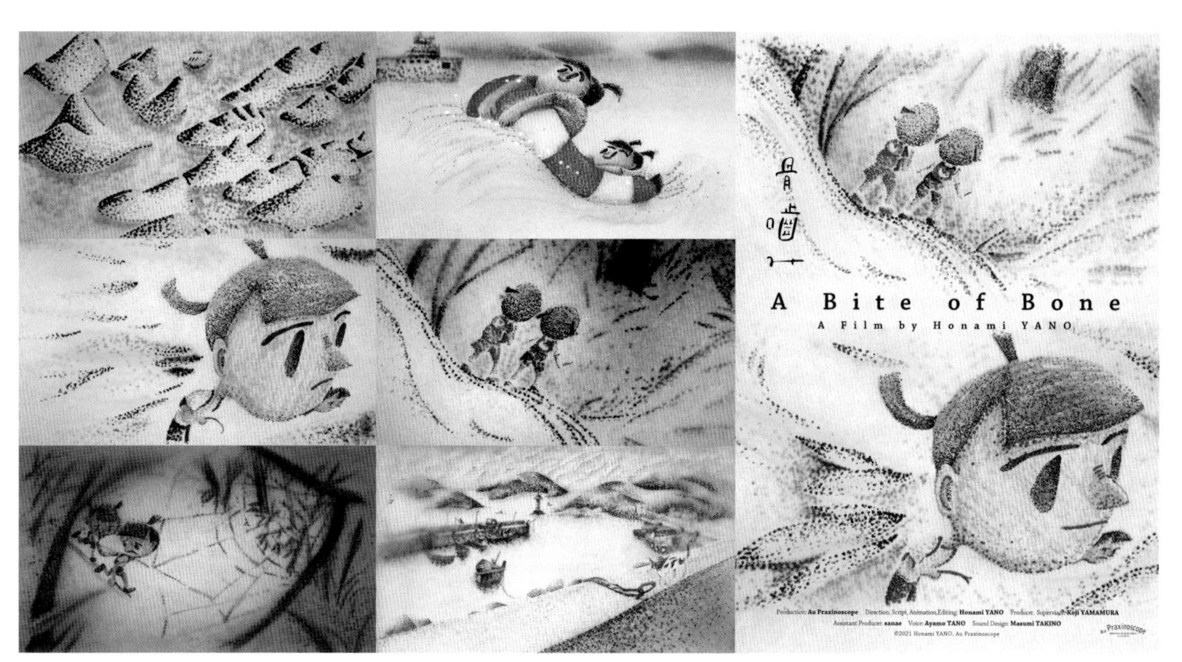

Animation -「骨嚙み」(©2021/ Honami Yano /Au Praxinoscope | 2021) Script / Animation / Director: 矢野ほなみ

Animation -「TRIGUN STAMPEDE」エンディングアニメーション(©2023 内藤泰弘・少年画報社/「TRIGUN STAMPEDE」製作委員会 | 2023) エンディング主題歌:「星のクズα」Salyu × haruka nakamura, Animation / Director: 矢野ほなみ

097/100

安田大地　Daichi Yasuda

CATEGORY/ CM, MV, Fashion Film

BELONG TO/ P.I.C.S. management
TEL/ +81(0)3 3791 8855
E-MAIL/ post@pics.tokyo
URL/ www.pics.tokyo/member/daichi-yasuda,
daichiyasuda.com

映像監督。2010年、演出を手掛けたAdidas CMがSpikes Asia Advertising Festival CRAFT部門受賞。2014年、企画・監督した「THE NAIL/LEONARD WONG」がColectivo YOXにて世界のファッションフィルム10本に選出、上映。2017年、演出を手掛けたNISSIN「SAMURAI NOODLES "THE ORIGINATOR"」が2018年CICLOPE Festivalアニメーション部門ゴールド受賞。

CM - docomo 5G Concept Movie「新しい物語のはじまり」(© NTT DOCOMO | 2020)

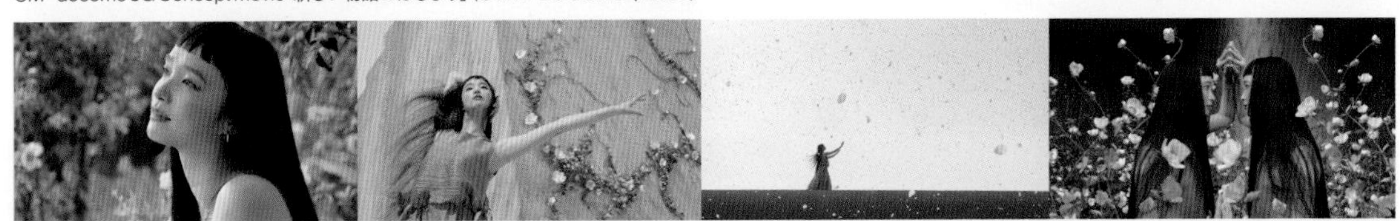
CM - ペリエ ジュエ × 萬波 ユカ ブランドムービー (© ペリエジュエ | 2021)

CM - ReFa BEAUTECH BRAND MOVIE (©MTG CO.,LTD | 2019)

CM - JR東日本「行き先は、新しい未来。」篇 (© East Japan Railway Company | 2022)

CM - カネボウ化粧品 KATE「ブラウンの罠」篇 (© Kao Beauty Brands. | 2022)

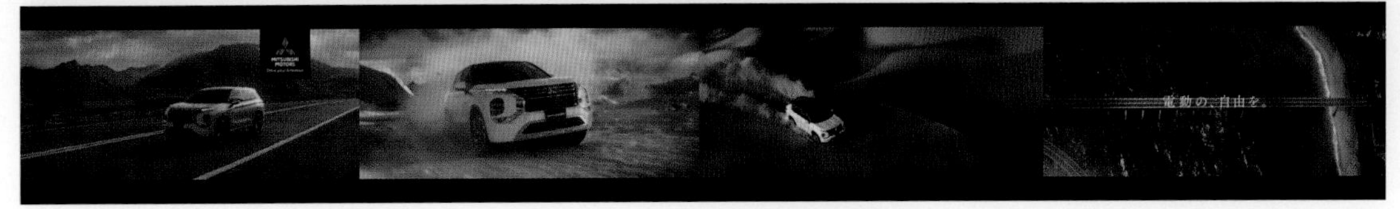

CM - 三菱自動車 アウトランダー PHEV「電動の自由」篇 (©MITSUBISHI MOTORS CORPORATION. | 2022)

098/100

安村栄美　Emi Yasumura

CATEGORY/ Movie, MV, CM

BELONG TO/ STARDUST DIRECTORS
TEL/ +81(0)80 5449 5278
E-MAIL/ main@yasumuraemi.com
URL/ www.yasumuraemi.com

女子美術大学デザイン学科卒。映画美学校11期修了。映像制作会社でNHK Eテレの番組ディレクターを経て、CMやMVを中心とした映像の企画・演出を手掛ける。子ども向け番組の経験を活かした、奇妙で空想的な映像表現を得意とする。2023年よりSTARDUST DIRECTORSに所属。2020年に制作した短編映画「WAO」がファンタジア国際映画祭、ロサンゼルス国際短編映画祭などに選出される。

Short Movie -「WAO」(dadab Inc. | 2020)

MV - SAKANAMON「裏鬼門の羊」(dadab Inc. | 2022)

099/100

ヨシダ タカユキ
Takayuki Yoshida

CATEGORY/ Motion Graphics, TV, Commercial, PV, Event Movie, Live Movie, etc.

E-MAIL/ contact@takayuki-yoshida.com
URL/ takayuki-yoshida.com

モーショングラフィックスデザイナー／アートディレクター。映画・TV・CM・PV・イベント・ライブ映像などの分野にてモーショングラフィックスや、グラフィックデザイン制作を中心に手掛ける傍ら、自主作品制作や講師など多岐に活動している。躍動感のあるモーショングラフィックスデザインを得意とする。武蔵野美術大学卒業。

StationID -「CGWORLD StationID」(2022)

Opening Movie -「ドキドキ！あんスタゼミナールOP映像」(©2014-2019 Happy Elements K.K | 2022)

100/100

幸 洋子　Yoko Yuki

CATEGORY/ MV, CM, Experimental Video, Animation

E-MAIL/ yokoyuki1201@gmail.com
URL/ www.yoko-yuki.com,
www.instagram.com/yukitoyoko

1987年、愛知県名古屋市生まれ、東京都在住。幼少期から絵を描くことやビデオカメラで遊ぶことが好きだったことから、アニメーションに楽しさを見出し、日々感じたことをもとに様々な画材や素材で作品を制作している。最新作の「ミニミニポッケの大きな庭で」は第75回ロカルノ国際映画祭でプレミア上映後、サンダンス映画祭2023に公式招待されるなど国内外の映画祭で上映されている。オリジナル作品のほかに、CMやMV、子ども向け番組のアニメーションなども手掛ける。

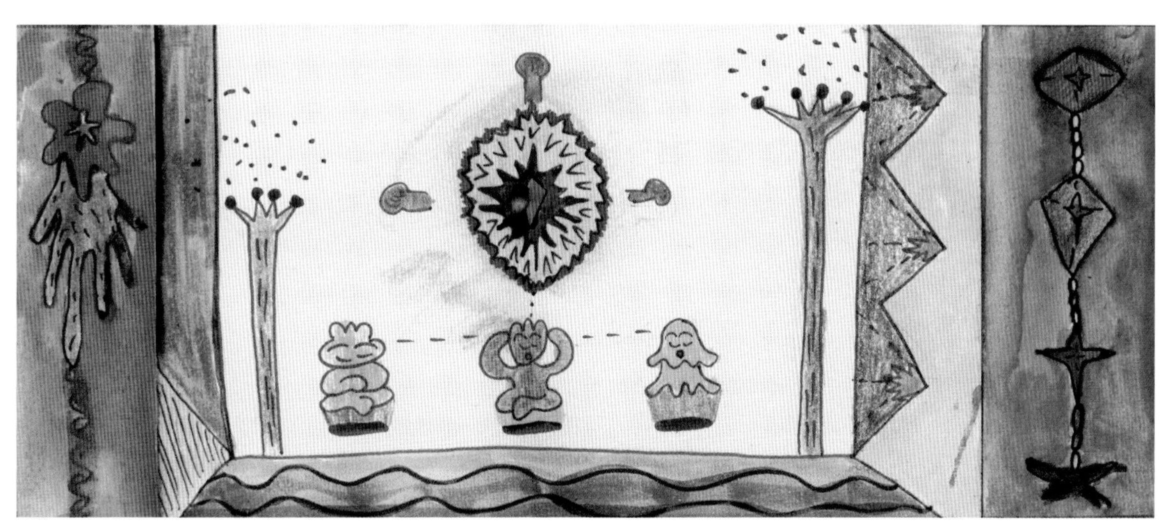

Animation -「ミニミニポッケの大きな庭で」(2022) Director / Animation: 幸洋子, Music: honninman

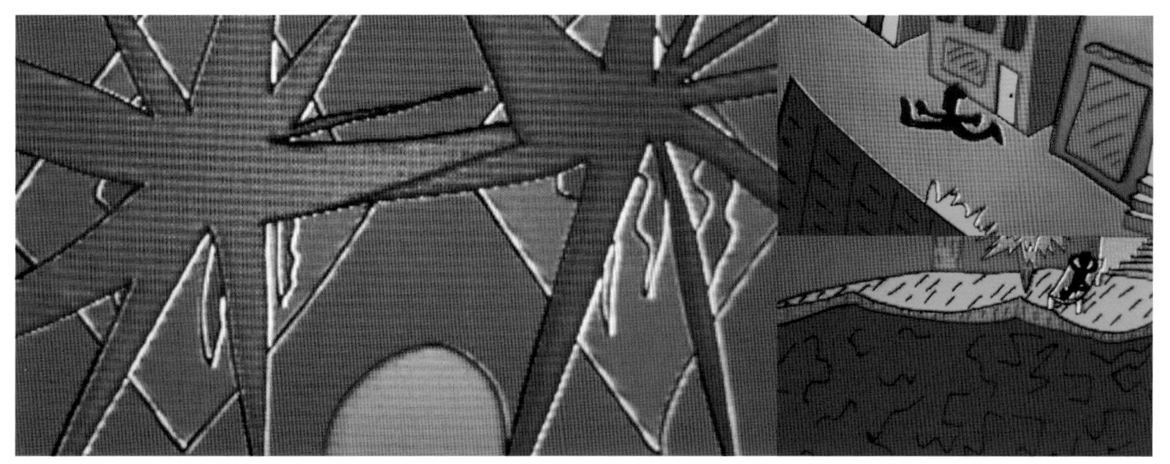

Animation -「シャラポンポン」(2019) Director / Animation: 幸洋子, Music: 清水煩悩

HOW TO SUBSCRIBE

NEWCOMER 100と映像作家100人2023に選出されたクリエイターの作品はSUBSCRIBEなしで1作品ずつ視聴可能になる予定です。
※作家によっては静止画のみの掲載になります

https://eizo100.jp

オンライン視聴の方法

1 会員種別を選ぶ

下記のURLに接続し、購読したい会員プランを選びます。種類は下段に記載した3種類があります。
https://eizo100.jp/register/

2 お支払い

クレジットカードあるいはPayPalでの決済が可能です。お支払い後、パスワードが登録できるメールをお送りいたします。

3 パスワード登録

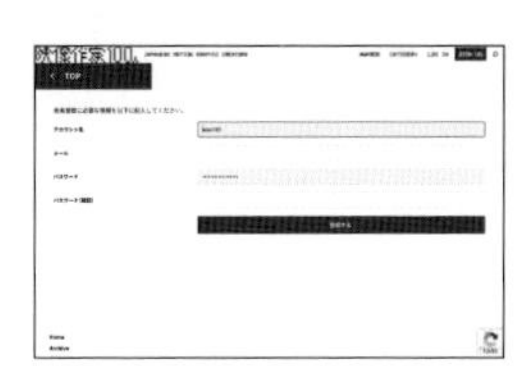

メールでお送りしたURLからパスワードとアカウント名をご登録ください。

※もしメールが到着しない場合は、迷惑メールかメール受信設定を確認ください。必ずeizo100.jpドメインからの受信拒否設定を解除ください。

4 ログイン！

登録した情報でログインできます。映像作家100人の世界を、お楽しみください！

会員プラン

	AUDIENCE 視聴会員	CREATOR クリエイター会員	COMPANY / TEAM 企業会員
料金	2,000円 / 年	2,000円 / 月	10,000円 / 年
映像を見る	✔	✔	✔
クリエイターを探す	✔	✔	✔
プロフィールを掲載する	✖	✔	✔
作品を掲載する	✖	✔	✔
メンバーの招待（5人まで）	✖	✖	✔
チームメンバーを表示する	✖	✖	✔

※サブスクリプションを解除すると、会員の登録が解除されますのでご注意ください。
※サブスクリプションは指定の期間で更新されます。自動更新設定になりますので、更新を望まない方は退会手続きを行ってください。

映像作家100人 + NEWCOMER 100

2023年4月15日　初版第一刷発行

編集　庄野祐輔　石澤秀次郎　古屋蔵人　奥村健太郎　中澤豪助　田口典子

デザイン　庄野祐輔

Cover Art　socmplxd "Portrait of an artist"
Artwork depicting desk of James Jean
Owned by James Jean

発行人　上原哲郎

発行所　株式会社ビー・エヌ・エヌ
〒150-0022 東京都渋谷区恵比寿南一丁目20番6号
E-mail: info@bnn.co.jp
Fax: 03-5725-1511
www.bnn.co.jp

印刷・製本　シナノ印刷株式会社

ISBN978-4-8025-1269-5